AI办公助理

让职场效率倍增的16大国产AI工具手册

柏先云 ◎ 编著

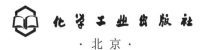
化学工业出版社
·北京·

内 容 简 介

本书是一本专为职场人士打造的AI高效办公宝典，通过128个实例实战、160多分钟视频教学、180个素材效果赠送，致力于通过介绍国内常用的AI工具的使用技巧，帮助读者大幅提升工作效率和创造力。书中内容具体从以下两条线展开。

一是"工具线"：本书详解了16个高效且常用的国产AI工具，包括文心一言、Kimi、WPS AI、百度文库、橙篇、豆包、通义、智谱清言、秘塔、文心一格、天工AI、讯飞星火、360智绘、剪映、即梦AI及可灵AI，并且随书再附赠10款好用的其他AI工具（电子文件），分别是腾讯元宝、海螺AI、360 AI办公、腾讯文档、讯飞智文、ProcessOn、包阅AI、ChatGPT、Midjourney、Stable Diffusion，帮助职场人士快速上手，一本书全面精通AI工具，提高工作效率。

二是"领域线"：本书精选了30个高效应用的AI领域与方向，如营销方案、活动策划、奖金设计、工作总结、电商文案、行政工作、人力资源、财务报表、创业融资、产品介绍、促销广告、创作小说、科研辅助、文档校对、新闻报道、电影影评、诗词创作、旅游规划、代码生成、音乐创作、文学创作、网页设计、杂志设计、活动海报、室内设计及风光摄影等，帮助读者更深入地了解这些AI工具的实际应用技巧，显著提升职场人士的工作效率。

本书内容深入浅出，实战性强，适合以下人群阅读：一是职场白领与企业管理者；二是创意设计与内容创作者；三是AI绘画师与电商设计师；四是视频创作者与短视频博主；五是学生与研究人员；六是科技爱好者与未来学习者；七是IT与数字化转型专业人士。

图书在版编目（CIP）数据

AI办公助理：让职场效率倍增的16大国产AI工具手册 / 柏先云编著. -- 北京：化学工业出版社，2024.12. -- ISBN 978-7-122-46633-4

Ⅰ．TP18-62；TP317.1-62

中国国家版本馆CIP数据核字第2024XM8801号

责任编辑：李　辰　吴思璇　孙　炜　　　　　　封面设计：王晓宇
责任校对：李雨晴　　　　　　　　　　　　　　装帧设计：盟诺文化

出版发行：化学工业出版社（北京市东城区青年湖南街13号　邮政编码100011）
印　　装：天津裕同印刷有限公司
710mm×1000mm　1/16　印张15¾　字数310千字　2025年2月北京第1版第1次印刷

购书咨询：010-64518888　　　　　　　　售后服务：010-64518899
网　　址：http://www.cip.com.cn
凡购买本书，如有缺损质量问题，本社销售中心负责调换。

定　　价：99.00元

☆ 写作驱动

在快节奏的现代职场中，效率成为衡量个人及团队竞争力的关键因素。面对日益复杂的工作任务和海量信息，如何快速响应、高效处理，成为每一位职场人士不得不面对的难题。传统的办公方式已经难以满足当前高效、智能、创新的需求，而人工智能（AI）技术的迅猛发展，则为职场效率提升提供了前所未有的机遇。

然而，面对琳琅满目的AI工具，如何选择合适的工具并有效应用，成为摆在许多人面前的难题。我们深知，在职场中，无论是日常办公、内容创作、数据分析，还是设计策划，都存在着诸多痛点：工作计划烦琐、文案撰写耗时、设计制图费力、视频剪辑头疼……这些痛点不仅拖慢了工作进度，更限制了创造力的发挥。

因此，本书旨在通过详细介绍并实操演示16款国内常用的AI工具，帮助读者掌握利用AI赋能职场的新技能，这些工具包括但不限于文心一言、Kimi、WPS AI、百度文库、文心一格、即梦AI、可灵AI等，它们各自在提升办公效率、创作内容、设计制图、剪辑视频等领域展现出强大的能力。从工作计划自动生成到PPT设计一键完成，从爆款文案快速生成到高质量图像轻松制作，再到视频剪辑的智能辅助，这些AI工具以其高效、精准、创新的特点，为职场人士提供了前所未有的便捷和效率。

☆ 本书特色

❶ 30多位专家提醒奉送：作者在编写本书时，将平时工作中总结的各方面AI工具实战技巧和经验等毫无保留地奉献给读者，大大丰富和提高了本书的含金量。

❷ 116组AI提示词奉送：为了方便读者快速生成相关的AI文案、AI绘画作品与AI视频作品，特将本书实例中用到的提示词进行了整理，统一奉送给大家。

❸ 128个实例干货内容：本书对16款AI工具进行了全面而深入的介绍，从办公文件到文案内容，从图像处理到视频剪辑，通过128个实例干货内容，全面演示了如何在具体工作中高效运用这些工具，让读者能够快速上手并应用于实际工作中。

❹ 160多分钟视频演示：本书中每一节知识点与案例的讲解，全部录制了带语音讲解的视频，时间长度达160多分钟，重现书中的精华内容，读者可以结合书本观看。

❺ 180个素材效果奉送：随书附送的资源中包含180个素材效果文件，其中的素材涉及行政办公、人力资源、财务管理、市场营销、创业融资、科研辅助、杂志广告、平面设计、室内设计、电商、美食、珠宝、写真及影视等多种行业。

❻ 430多张图片全程图解：本书采用了大量的插图和实例，图文并茂、生动有趣，让读者更加直观地了解16款AI工具，激发读者对AI工具的兴趣和热情。

❼ 5大超值的资源赠送：为了给读者带来前所未有的学习体验，作者精心准备了超值的资源文件赠送给大家，包括10款用好的AI工具、116组实例的提示词、160集教学视频演示、180个素

材效果源文件和12000多个AI绘画关键词。

☆ 特别提醒

❶ 版本更新：在编写本书时，是基于当前各种AI工具和网页平台的界面截取的实际操作图片，本书涉及多种软件和工具，文心一言App为3.6.0.11版、Kimi智能助手App为1.4.0版、百度文库App为9.0.50版、豆包App为4.7.0版、通义App为3.5.0版、智谱清言App为2.3.7版、秘塔App为V1.0.5版、天工App为1.8.2版、讯飞星火App为4.0.7版、剪映App为14.4.0版、剪映电脑版为5.3.0版、快影App为V6.54.0.654003版。虽然在编写的过程中，是根据界面或网页截的实际操作图片，但书从编辑到出版需要一段时间，在此期间，这些工具或网页的功能和界面可能会有变动，请在阅读时，根据书中的思路，举一反三，进行学习。

❷ 提示词的使用：提示词也称为关键词或"咒语"，需要注意的是，即使是相同的提示词，AI工具每次生成的文案、图像和视频效果也会有差别，这是模型基于算法与算力得出的新结果，是正常的，所以大家看到书里的截图与视频有所区别，包括大家用同样的提示词，自己生成的文案或效果也会有差异。因此，在扫码观看教程视频时，读者应把更多的精力放在提示词的编写和实操步骤上。

❸ 内容说明：本书虽然分为AI办公、AI文案、AI图片及AI视频这4大篇，但这些工具各有所长，大家不要受分篇限制，找到适合自己的工具与功能就好。对于介绍的某种工具的某些功能，其实在其他AI工具中也有，限于篇幅，不再一一介绍，大家有时间可以自己去尝试操作。另外，在撰写本书的过程中，因为篇幅有限，对于AI工具回复的内容只展示了要点，详细的回复文案，请读者看随书提供的效果完整文件。

❹ 版本说明：为了让大家学到更多，对同一个AI工具，既介绍了网页版的操作，又介绍了手机版App的操作（例如文心一言、Kimi等），每一章前面是网页版的操作方法，接下来是手机版的使用技巧，部分AI工具还介绍了电脑版的操作方法（例如WPS AI、剪映等），书中对不同版本进行了详尽的讲解，大家可以融会贯通。

☆ 素材获取

如果读者需要获取书中案例的素材、效果、视频和其他资源，请使用微信"扫一扫"功能，按需扫描下列对应的二维码，或查看本书封底信息按步骤下载。

QQ读者群

视频教学样例

☆ 作者售后

本书由柏先云编著，参与编写的人员还有胡杨、苏高等人，在此表示感谢。由于作者知识水平有限，书中难免有疏漏之处，恳请广大读者批评、指正，沟通和交流请联系微信：2633228153。

目录

Contents

【AI办公篇】

【AI 文案篇】

【AI 图片篇】

【AI 视频篇】

【AI办公篇】

第 1 章

文心一言：快速提升办公效率

文心一言是百度公司研发的知识增强大语言模型，能够与人对话互动、回答问题、协助创作，高效便捷地帮助人们获取信息、知识和灵感。本章将介绍使用文心一言进行智能办公的方法，帮助人家快速注册与使用文心一言，轻松构建出高质量的 AI 内容，让大家的职场办公效率倍增。

1.1 全面介绍：文心一言的基本操作

文心一言具备丰富的知识库，能够回答各种学科、领域的问题，提供准确、可靠的信息。它具备强大的自然语言处理能力，能够理解用户输入的指令并完成问答、文本创作、代码查错等多种任务。本节将全面介绍注册与登录文心一言的方法，并对其界面的各项功能进行讲解。

1.1.1 注册与登录文心一言

扫码看教学视频

在使用文心一言之前，用户需要先注册一个百度账号，该账号在两个平台（百度和文心一言）是通用的。下面介绍注册与登录文心一言的操作方法。

步骤01 在电脑中打开浏览器，输入文心一言的官方网址，打开官方网站，单击右上角的"立即登录"按钮，如图1-1所示。

图 1-1 单击"立即登录"按钮

步骤02 弹出相应的窗口，如果用户已经拥有百度账号，则在"账号登录"面板中直接输入账号（手机号/用户名/邮箱）和密码进行登录，或者使用百度App扫码登录。如果用户没有百度账号，则在窗口的右下角单击"立即注册"按钮，如图1-2所示。

步骤03 打开百度的"欢迎注册"页面，如图1-3所示，在其中输入相应的用户名、手机号、密码和验证码等信息，然后单击"注册"按钮，即可注册并登录文心一言。

图 1-2　单击"立即注册"按钮

图 1-3　打开百度的"欢迎注册"页面

1.1.2　文心一言页面中的功能讲解

扫码看教学视频

　　文心一言作为百度打造的人工智能工具，其界面设计旨在为用户提供便捷、高效的交互体验，其页面中的功能分区如图1-4所示。

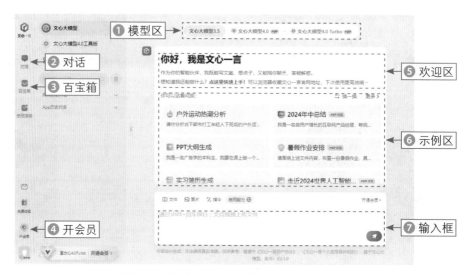

图1-4　"文心一言"页面中的功能分区

下面对"文心一言"页面中各项功能进行相关讲解。

❶ 模型区：在模型区中包括文心一言的3大模型，如文心大模型3.5、文心大模型4.0、文心大模型4.0 Turbo，不同的版本在技术和应用上均有所突破。其中，文心大模型3.5是免费提供给用户使用的，后面两种文心大模型需要用户开通会员才可以使用。

❷ 对话："对话"是文心一言的核心功能之一。"对话"页面为用户提供了一个与AI进行自然语言交互的平台，最下方有一个文本框，供用户输入问题或文本信息。

❸ 百宝箱：百宝箱中有许多AI写作工具，例如提效max、AI绘画等。

❹ 开会员：单击"开会员"按钮，弹出相应的页面，其中显示了开通会员的相关介绍，如开通价格、权益对比等，该功能是文心一言商业化策略的一部分，旨在为用户提供更多高级功能和更好的使用体验，以满足用户更加个性化的需求。

❺ 欢迎区：显示了文心一言的相关简介和功能，单击"点这里快速上手"文字超链接，在打开的页面中可以查看文心一言的详细信息，以及指令的使用方法等。

❻ 示例区：对于初次接触文心一言的用户，示例区是一个快速了解产品特性和使用方法的途径，该区域中提供了多种文案示例，单击"换一换"文字超链接，可以更换其他的文案示例。通过实际操作，用户可以更直观地了解文心一言的应用场景和优势。

❼ 输入框：用户可以在这里输入想要与AI交流的内容，如提问、聊天等，用户可以输入各种问题或需求，支持文字输入、文件输入、图片输入等。除此之外，用户还可以创建自己常用的指令，来提高AI办公效率。

1.2　常用功能：工作计划、PPT设计、点评作文

文心一言作为一款基于人工智能技术的写作辅助工具，提供了多种常用功能，如撰写工作计划、进行PPT设计、点评小学生作文等，以满足用户在不同场景下的需求。本节通过相关案例详细介绍文心一言的常用功能，帮助用户更好地提升工作效率。

1.2.1　生成下半年的工作计划

扫码看教学视频

文心一言可以通过智能问答功能，帮助用户收集市场数据和行业信息，为制订工作计划提供数据支持。用户只需输入相关问题，即可获得相关的市场趋势、竞争对手分析等关键信息，这有助于用户更准确地把握市场动态，为工作计划的制订提供有力依据。

在人与人的沟通过程中，通常需要使用一些方法来让沟通变得更顺畅，让交流变得更和谐，与AI的沟通也一样。用户可以通过使用合适的方法，来让AI更好地理解对话的目的，从而生成需要的工作计划内容。在与AI对话的过程中，用户可以在指令中提供足够的上下文信息，以便AI能够理解你的意图并生成准确的工作计划，相关案例如图1-5所示。

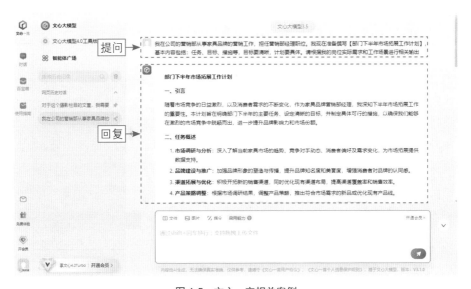

图 1-5　文心一言相关案例

★ 专家提醒 ★

在这个案例中，是使用"文心一言"进行操作的截图展示，后面案例为了方便读者阅读，使文字显示更加明显，采用文字版进行案例展示。

1.2.2　设计新员工培训的 PPT 框架

扫码看教学视频

无论是企业演示还是学术报告，抑或是企业人力资源部的新员工培训内容，PPT都是常见的展示工具。文心一言能够根据用户提供的主题和内容，设计出既美观又专业的PPT幻灯片，包括选择合适的模板、布局和动画效果。

如果用户需要使用文心一言生成一份新员工培训的PPT内容框架，在输入指令的时候，可以让文心一言充当各式各样的角色，因此用户在与文心一言对话时，可以先赋予其身份，例如让文心一言充当一名企业人力资源培训师，提供新员工培训内容的建议，文心一言会生成更有参考价值的PPT内容框架，相关案例如下。

 提问

假如你是一位高级的人力资源培训师，现在需要你设计一份新员工培训的PPT课件，你需要按照我给出的主题来准备这份PPT的框架内容。主题为新员工培训，内容包括公司介绍、组织架构、流程、福利、安全、行为准则，要求专业、友好，适合不同背景的新员工。

文心一言

新员工培训PPT课件设计概要
一、封面页
标题：欢迎加入[公司名称] —— 新员工培训
副标题：携手共创未来，共筑梦想舞台
图片：公司LOGO与温馨团队合照
日期＆地点
制作人：高级人力资源培训师 [姓名]
二、目录页
公司概览
组织架构与团队介绍
工作流程与职责说明
员工福利与关怀
安全与健康指南
行为准则与企业文化
互动环节
结语与展望
……
三、设计提示
风格：保持专业而友好的设计风格，使用公司标准色调
字体：清晰易读，避免过多装饰性字体
图片与图表：多使用图表、流程图、照片等视觉元素，增强可读性
互动元素：穿插问题、投票、小游戏等互动环节，保持听众注意力
适应性：确保PPT在不同设备（电脑、投影仪）上均能良好展示

★ 专家提醒 ★

因为本书篇幅原因，只展示 AI 工具回复的内容要点，详细的回复内容请看随书提供的效果完整文件。

1.2.3 批量点评 10 篇小学生作文

扫码看教学视频

文心一言的批量点评小学生作文功能是一项针对教育领域的人工智能应用，它能够高效地对大量小学生的作文进行自动评估和反馈，可以自动为作文打分，根据预设的评分标准，如语法正确性、拼写准确性、句子结构等。针对每篇作文的特点，AI可以提供个性化的反馈和建议，帮助学生认识到自己的优势和需要改进的地方。

与传统的人工点评相比，AI点评可以快速处理大量作文，节省了教师的时间。但是，这项批量点评小学生作文的功能需要用户开通会员才可以使用，需要使用文心大模型4.0，如果只点评一篇作文，就不需要开通会员，大家根据自己的需求来决定是否开通会员。

下面以点评一篇小学生作文为例，讲解在文心一言中点评作文的操作方法。用户在文心一言中输入相关指令时，可以指定AI输出的格式要求，比如以表格形式回复、指定评阅维度等，以便得到理想的点评效果，具体操作步骤如下。

步骤01 打开文心一言的"对话"页面，在输入框的上方单击"文件"按钮，如图1-6所示。

图 1-6 单击"文件"按钮

★ 专家提醒 ★

文心大模型 3.5 版本一次最多上传 1 个文件，而文心大模型 4.0 版本一次可以上传多个文件，可以对文件进行批量处理。

步骤02 弹出"打开"对话框，在其中选择一篇小学生作文，如图1-7所示。如果用户开通了会员，需要批量点评作文，此时可以在该对话框中一次性选择多个文档。

步骤 03 单击"打开"按钮,即可上传小学生作文文件,文件名显示在输入框中,如图1-8所示。

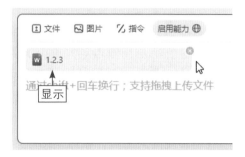

图 1-7 选择一篇小学生作文　　　　　图 1-8 上传的文件显示在输入框中

步骤 04 在输入框中输入相应的指令,按【Enter】键确认,便可以得到文心一言生成的作文点评回复,相关指令和回复内容如下。

 提问

> 以四年级作文标准,从主题、结构、语言的维度评阅以上学生作文,分维度以表格的形式返回作文评语内容,并根据内容的语法正确性、拼写准确性、句子结构等,给作文评分,评分区间为0~100分。

 文心一言

维　度	评语内容
主题	作文围绕"成为发明家"的梦想展开,主题鲜明,充满了对科学探索和创新的热爱。小作者通过具体事例(如自动收衣机的发明尝试)和远大理想(如环保型汽车、自动种树机等)展现了其对发明创造的执着追求和美好愿景,主题积极向上,富有感染力
结构	文章结构清晰,层次分明。开篇点题,引出梦想;中间部分通过具体事例展示发明之路的起步与坚持,并引出更多发明梦想;结尾总结全文,重申梦想并表达对未来的期许。各部分衔接自然,逻辑性强,符合四年级学生的写作特点
语言	语言生动流畅,充满童趣和想象力。小作者使用了丰富的词汇(如"五彩斑斓的童年""闪闪发光的梦想"等)和美好的期待(如"让沙漠变成绿洲"),使文章读来生动有趣。同时,句子结构多样,既有简单句的直接表述,也有复合句的详细描绘,展现了良好的语言表达能力

|评分|90分|

评分理由：

作文在主题上紧扣"成为发明家"的梦想，内容积极向上，富有感染力。结构上清晰有序，层次分明，展现了良好的逻辑思维能力。在语言表达上，用词准确生动，句子结构多变，体现了较高的语言水平。

考虑到四年级学生的写作水平，本文在语法正确性、拼写准确性、句子结构等方面均表现出色，仅有极少数小瑕疵，不影响整体阅读体验。因此，给予较高的评分。

1.2.4　改写一篇新媒体文章

扫码看教学视频

在新媒体文章改写方面，文心一言可以根据用户输入的文章，通过其强大的语言处理和理解能力，进行语义上的理解和分析，并重新组织和表达文章信息，从而实现改写文章。

具体来说，文心一言可以帮助用户改写文章的结构、语言风格、表达方式等，使文章更加符合目标读者的阅读习惯和喜好。同时，文心一言还可以根据文章的主题和内容，自动添加相关的关键词、短语或句子，以增强文章的可读性和吸引力。

在文心一言中输入相关指令时，用户要尽量使用自然语言来写指令，避免使用过于复杂或专业的语言。AI是基于自然语言处理的模型，使用自然语言写的指令可以让AI更好地理解用户的需求，并生成自然、流畅的回答。下面介绍改写一篇新媒体文章的操作方法。

步骤01 打开文心一言的"对话"页面，在输入框的上方单击"文件"按钮，弹出"打开"对话框，在其中选择一篇新媒体文章，如图1-9所示。

步骤02 单击"打开"按钮，即可上传新媒体文章，文件名显示在输入框中，如图1-10所示。

图 1-9　选择一篇新媒体文章

图 1-10　上传的文件显示在输入框中

步骤03 在输入框中输入相应的指令，按【Enter】键确认，便可以得到文心一言改写的新媒体文章，相关指令和回复内容如下。

提问

请改写以上新媒体文章，要求语言轻松幽默、温馨亲切，并强调产品的独特卖点，产品的市场定位为高端用户。

文心一言

夏日小清新，奢华来袭！——顶奢抹茶奶茶，唤醒你的贵族味蕾！

副标题：穿越古今的奢华邂逅，让每一口抹茶都成为你的高雅宣言！

嘿，小伙伴们，随着夏日的热情悄然升温，是时候来点不一样的清凉刺激啦！猜猜看，我们为你准备了什么夏日惊喜？没错，就是那款能让你瞬间"贵族范儿"满格的——新品顶奢抹茶奶茶！这不仅仅是一杯饮品，它还是你午后时光里最优雅的谈资，更是传统与奢华的跨界盛宴！

一、抹茶？那可是贵族范儿的绿色宝石……

二、我们的抹茶奶茶，奢华得刚刚好……

三、抹茶奶茶，不只是饮品，更是养生秘籍……

四、如何优雅地享用这杯奢华抹茶奶茶……

朋友们，这个夏天，让我们一起用这杯顶奢抹茶奶茶，开启一场奢华而清新的味觉旅行吧！它不仅仅是一杯饮品，更是一种生活态度，一种对高品质生活的执着追求。快来店里体验吧，让抹茶的清新与奢华，唤醒你内心深处的每一个优雅细胞！

1.3　擅长领域：营销方案、活动策划、图片解析

文心一言作为百度推出的知识增强大语言模型，擅长的领域非常广泛，例如文本生成、内容创作、活动策划、图片解析、多模态生成等。本节主要介绍如何使用文心一言App写作营销方案、活动方案、开业发言稿，以及解析图片内容等，使其在各个领域都能提供高效、智能的服务。用户首先需要在手机的应用商店中下载文心一言App，具体操作可参考第2章2.1.1节搜索、下载、安装与登录App的方法，操作流程基本大同小异。

1.3.1　新产品上市的战略与营销方案

扫码看教学视频

文心一言基于先进的自然语言处理和人工智能技术，能够深入理解市场趋势、消费者的需求及产品特性，从而生成高度个性化和智能化的战略与营销方案。文心一言可以针对特定目标市场和消费群体进行精准定制，使生成的战略与营销方案更加科学、客观，能够准确反映市场的实际情况，有助于新产品在市场中脱颖而出，吸引更多消费者的关注和兴趣。相比传统的人工制定方案，使用文心一言生成方案更加高效、便捷。

在文心一言中输入相关指令时，用户可以采用问题的形式提出希望AI回答的内容，例如"如何设计一份'现切牛肉自助火锅'的战略与营销方案"。注意，问

题要明确具体，不要太宽泛，避免像"告诉我关于'现切牛肉自助火锅'的相关内容"这样过于开放式的问题。另外，用户可以使用"如何""为什么"等提问词来构建指令，具体操作步骤如下。

步骤01 打开文心一言App，进入"对话"界面，点击下方的输入框，如图1-11所示。

步骤02 在输入框中输入相应的指令，采用问题的形式提出要求，如图1-12所示。

步骤03 点击右侧的发送按钮，便可以得到文心一言生成的营销方案，如图1-13所示。

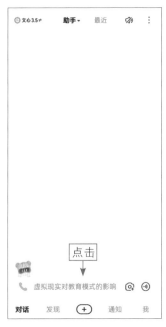

图 1-11　点击下方的输入框

图 1-12　输入相应的指令

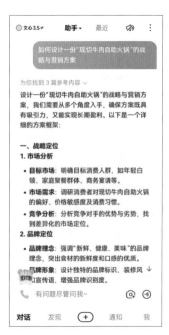

图 1-13　生成的营销方案

1.3.2　策划"618"购物节的促销方案

文心一言能够基于大数据分析，深入了解目标消费者的购物习惯、偏好及历史行为，从而生成个性化的促销内容和推荐策略，这种精准性有助于提升转化率，让促销信息更准确地触达潜在买家。借助文心一言的创意生成能力，营销人员可以设计出新颖独特的促销活动和广告文案，吸引消费者的眼球并激发他们的购买欲望。不同于传统的促销方式，文心一言能带来更加新颖和有趣的互动体验。

在设计指令内容时，要追求质量而非数量，尽可能提供详细、准确、具有启发

扫码看教学视频

性的信息，以激发文心一言的AI创造力。同时，还要避免提供过多的限制性信息，给AI留下一定的自由发挥的空间，相关案例如下。

 提问

请为我创作一篇针对"618"购物节的童装促销方案。本次活动的核心目标是吸引家庭消费者，特别是关注孩子成长、追求品质童装的家长们。请结合当前市场趋势、消费者心理及节日氛围，构思一个既具吸引力又富有创意的促销策略。

 文心一言

"618童梦成长节"童装促销方案

随着"618"购物节的临近，我们特别策划了"618童梦成长节"童装促销活动，旨在打造一个集购物、娱乐、亲子互动于一体的盛宴，吸引广大关注孩子成长、追求品质生活的家庭消费者。本次活动以"童梦启航，品质成长"为主题，寓意每个孩子都能在精心挑选的童装陪伴下，快乐成长，勇敢追梦。

促销策略

1. 限时折扣+满额赠品

超级秒杀：精选多款热销童装，设置极低的秒杀价，每日限量抢购，营造抢购热潮。

满额赠礼：消费满额即可获赠定制版儿童书包、益智玩具等实用赠品，提升购物价值感。

2. 亲子互动游戏赢奖品

线上互动：在品牌官网或社交媒体平台举办"童装搭配大赛""亲子故事创作"等活动，邀请家长与孩子共同参与，优秀作品可获得精美童装套装、品牌优惠券等奖品。

线下体验：在门店设置亲子互动区，如"小小模特走秀""亲子DIY工坊"等，增强顾客参与感，同时展示童装产品，促进销售。

3. 科技智能体验

引入AR试衣技术，让家长和孩子通过手机即可体验不同童装的上身效果，提升购物便捷性和趣味性。

展示智能童装产品，如带有定位功能的儿童手表、可调节温度的智能外套等，满足家长对孩子安全的关注和对科技生活的追求。

……

1.3.3 请创作一篇开业发言稿

扫码看教学视频

文心一言具备强大的自然语言处理能力，能够生成语言优美、表达流畅、逻辑清晰的发言稿，这种高质量的文本有助于提升发言人的专业形象，使听众更容易产生共鸣和认同感。它还能根据企业或店铺的具体背景、行业特色、品牌定位等信息，生成高度个性化的发言稿，这种定制化内容能够更精准地传达企业的理念和愿景，增强发言的针对性和感染力。

用户在文心一言中输入指令之前，首先要明确指令的目标，即想要生成一篇什么类型的发言稿，明确发言稿的主题、字数、语言风格等要求，相关案例如下。

提问

请为我创作一篇高端西餐厅开业的发言稿，强调餐厅的高端定位、独特菜品、优雅环境及卓越服务。字数要求在500字左右，采用正式而优雅的语言风格，融入一定的文学性和艺术性表达，并以精练而有力的语句结束发言。

文心一言

　　尊敬的各位来宾、朋友们：

　　今晚，星光璀璨，我们齐聚一堂，共同见证××西餐厅的璀璨启航。在此，我谨代表餐厅全体同仁，向远道而来的您致以最热烈的欢迎和最诚挚的感谢。

　　××西餐厅不仅仅是一家餐厅，它是我们对美食艺术的极致追求，是东西方文化交融的璀璨结晶。我们精心挑选全球顶级食材，以匠心独运的烹饪技艺，为您呈现出一道道独一无二的美味佳肴。每一口都是对味蕾的极致诱惑，每一道菜都是对美食哲学的深刻诠释。

　　步入餐厅，您将被其优雅的环境深深吸引。我们巧妙融合了古典与现代的设计元素，营造出一种既庄重又不失温馨的用餐氛围。柔和的灯光、精致的餐具、悠扬的音乐，每一处细节都透露着我们对品质的坚持与对美学的追求。

　　而我们的服务团队，更是以卓越的服务品质著称。他们将以最诚挚的微笑、最专业的态度，为您提供无微不至的关怀与照顾。在这里，您将感受到的不仅仅是美食的享受，更是心灵的慰藉与放松。

　　最后，我衷心希望××西餐厅能成为您品味生活、享受美好的理想之地。让我们携手共进，开启一段关于美食、艺术与生活的美好旅程。在未来的日子里，××西餐厅将始终秉持初心，不断追求卓越，为您带来更多惊喜与感动。

　　谢谢大家！

1.3.4　解析摄影作品的内容与风格

扫码看教学视频

　　文心一言能够利用深度学习算法对照片进行智能识别，快速捕捉图像中的关键元素，如人物、景物、色彩、构图等，进而分析照片的主题和内容。相比人工解析，文心一言能够更细致地观察照片中的每一个细节，包括光影变化、色彩搭配、纹理质感等，从而更全面地解析摄影作品，对照片进行多维度的解读和评价。除了技术上的分析，文心一言还能以生动、流畅的语言将解析结果呈现出来，使读者能够更直观地感受到照片所传达的信息和情感。

　　用户在文心一言中输入指令的时候，尽量提供具体、详细的细节和信息，以及希望AI从哪些方面来解析摄影作品，如主题、构图、光线、色彩、细节及情感表达等方面，这样可以帮助AI更好地理解需求，从而生成更准确、具体的回复。

　　下面介绍在文心一言App中解析摄影作品的内容与风格的操作方法。

　　步骤01 打开文心一言App，进入"对话"界面，点击右下角的⊙按钮，如图1-14所示。

　　步骤02 执行操作后，弹出相应的面板，在其中选择一张摄影作品，如图1-15

所示。

步骤03 执行操作后，进入相应的界面，上方显示了上传的摄影作品，如图1-16所示。

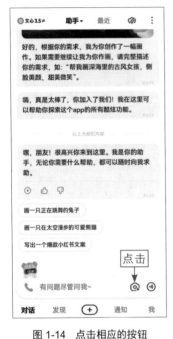

图 1-14 点击相应的按钮	图 1-15 选择一张摄影作品	图 1-16 显示上传的摄影作品

步骤04 点击下方的输入框，输入相应的指令，点击发送按钮，便可以得到文心一言对摄影作品的解析结果，相关指令和回复内容如下。

 提问

请以专业的眼光，从艺术、技术、主题及情感等方面来分析这张摄影作品，帮助学生提升摄影技能，掌握专业的摄影知识。

文心一言

艺术分析

这张摄影作品在艺术表现上展现出了高度的构图技巧和色彩运用能力。首先，画面中的色彩对比鲜明，红色上衣在橙黄至蓝色的天空与沙漠的映衬下显得格外醒目，成为视觉焦点。这种色彩的运用不仅增强了画面的张力，还巧妙地引导了观者的视线，使注意力自然地聚焦于人物身上。

技术分析

从技术层面来看，这张照片的曝光控制得当，既保留了天空的层次感，又避免了沙漠部分的过曝或欠曝，使得整个画面的细节丰富且层次分明。此外，摄影师对景深的运用也十分巧妙，通过适当的光圈设置，使得人物清晰锐利，而背景则呈现出柔和的虚化效果，增强了画面的空间感和立体感。

主题分析

这张摄影作品的主题可能围绕着"孤独与探索"展开。人物站在悬崖边上，眺望远方，背后是广袤无垠的沙漠，这样的场景很容易让人联想到对未知世界的向往和对内心孤独的探索。摄影师通过这样的画面，传达了一种对生命、对自我、对世界的深刻思考。

情感分析

从情感表达上来看，这张照片给人带来了一种宁静而又略带忧郁的感觉。日落时分的橙黄色天空与人物的红色上衣相互呼应，营造出一种温暖而又略带哀愁的情感基调。同时，人物孤独的身影和眺望远方的姿态，更是将这种情感推向了高潮，让观者在欣赏作品的同时，也能产生共鸣。

提升摄影技能的建议

注重色彩搭配：学习如何运用色彩对比和色彩和谐来增强画面的视觉冲击力和情感表达。

灵活构图：打破常规构图模式，尝试不同的视角和布局，使画面更具新意和深度。

掌握曝光与景深：通过实践和学习，掌握曝光控制和景深运用的技巧，使画面更加清晰、层次分明。

关注主题与情感：在摄影创作中，注重主题的选择和情感的表达，通过画面传达出深刻的思想和感受。

观察与思考：多观察生活中的细节和美景，培养敏锐的观察力和独特的审美视角，同时结合思考和想象，创作出更具感染力和艺术价值的摄影作品。

第 2 章

Kimi：轻松生成高质量的办公文件

　　Kimi 是由月之暗面科技有限公司开发的人工智能助手，旨在通过提供多语言对话、文件处理、搜索能力及长文本处理等高级功能，帮助用户解决问题和完成任务。它集成了多种 AI 功能，为用户提供高效、便捷的信息处理和服务体验。本章主要介绍下载与安装 Kimi 智能助手，以及使用它进行智能办公的方法帮助用户，提升工作效率。

2.1　全面介绍：Kimi的基本操作

　　Kimi能够理解和回应用户的自然语言问题，无论是日常对话还是专业知识，都能提供相应的回答，它支持中文和英文对话，满足多语言用户的需求。在使用Kimi之前，首先需要掌握注册与登录Kimi的方法，并对其工作界面的各项功能有一定的了解。

2.1.1　下载与安装Kimi智能助手

扫码看教学视频

　　如果用户使用的是电脑端的Kimi操作平台，可以直接打开浏览器，输入Kimi官方网址，即可打开Kimi官方网站，然后注册并登录Kimi平台，即可使用Kimi进行智能办公。如果用户使用的是手机版的Kimi智能助手，那么可以根据下面的方法进行下载与安装。

　　步骤01 打开手机中的应用商店，点击搜索栏，在搜索文本框中输入Kimi，点击"搜索"按钮，即可搜索到Kimi智能助手App，点击Kimi智能助手App右侧的"安装"按钮，如图2-1所示。

　　步骤02 执行操作后，即可开始下载并自动安装Kimi智能助手App，安装完成后，其右侧显示了"打开"按钮，如图2-2所示。

图2-1　点击"安装"按钮

图2-2　显示"打开"按钮

　　步骤03 点击"打开"按钮，进入Kimi智能助手App的欢迎界面，点击"立即体验"按钮，如图2-3所示。

步骤 04 弹出"用户服务及隐私协议"面板，在其中可以查阅《用户服务》与《隐私协议》的相关内容，点击"同意"按钮，如图2-4所示。

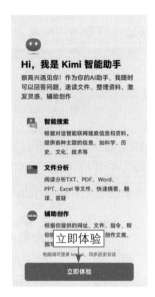

图 2-3 点击"立即体验"按钮

图 2-4 点击"同意"按钮

步骤 05 进入Kimi智能助手界面，点击左上角的☰按钮，如图2-5所示。

步骤 06 进入账号登录界面，选中下方的"已阅读同意《联通统一认证服务条款》和《用户服务》和《隐私协议》"复选框，然后点击"本机号码一键登录"按钮，如图2-6所示，即可登录Kimi智能助手App。

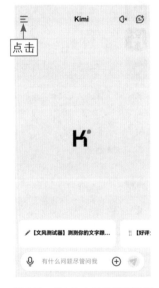

图 2-5 点击左上角的相应按钮

图 2-6 选中相应的复选框

2.1.2　Kimi 界面中的功能讲解

扫码看教学视频

Kimi提供了一个简洁而直观的界面，让用户能够方便地与Kimi进行对话和交流。下面以Kimi智能助手App为例，介绍界面中的各项功能，如图2-7所示。

图 2-7　Kimi 智能助手 App 界面

下面对Kimi智能助手App界面中的主要功能进行讲解。

❶ 历史会话：当用户登录Kimi账号后，点击左上角的☰按钮，将进入"历史会话"界面，在其中可以查看之前的历史会话。

❷ 会话窗口：这是用户与Kimi进行交流的主要区域，用户可以在这个区域中查看自己提出的问题，以及Kimi生成的回答和反馈。

❸ 文本与语音切换：点击🎤按钮，用户可以对输入方式进行切换，用户可以选择语音输入或者文本输入。

❹ 语音自动播放：点击界面上方的◁×按钮，可以设置是否使用语音自动播放Kimi生成的内容回复。

❺ 输入框：点击输入框，用户可以在其中输入问题或指令，Kimi支持多种语言的对话，尤其是中文和英文。

❻ 添加文件：点击⊕按钮，用户可以上传TXT格式文件、PDF文档、Word文档、PPT幻灯片、Excel电子表格等，Kimi可以阅读这些文件内容后回复用户。

2.2 常用功能：选题策划、数据处理、人力资源

Kimi具备智能写作功能，可以帮助用户梳理大纲、续写文章、创作文案等，并且支持多种文件格式的解析。用户上传文件后，Kimi会阅读并理解文件内容，然后对关键信息进行提取和解读。本节主要介绍Kimi网页版的常用功能，帮助用户在选题策划、数据处理及人力资源等方面进行提效。

2.2.1 生成一篇手机摄影选题的目录大纲

Kimi能够利用自然语言处理和大数据分析技术，对大量书籍信息、市场趋势、读者兴趣等进行深度挖掘和分析，从而精准定位图书选题方向。Kimi具备跨领域的知识整合能力，可以将不同领域的知识和观点融合在一起，为图书选题策划提供新颖独特的视角和思路。

扫码看教学视频

用户在Kimi中输入指令时，可以使用肯定的语言，最大限度地激发AI的正面回应，提高指令的有效性，从而让AI生成更符合要求的目录大纲，下面介绍具体的操作方法。

步骤01 在电脑中打开相应的浏览器，输入Kimi的官方网址，打开官方网站，在中间的输入框中输入相关指令"你非常擅长图书的选题策划，拥有20年的选题策划经验，现在请你生成一篇关于'手机摄影'选题的目录大纲"，如图2-8所示。

图 2-8　输入相关指令

步骤02 单击右侧的发送按钮 ➤，便可以得到Kimi生成的《手机摄影艺术与技巧》目录大纲，如图2-9所示。

图 2-9　Kimi 生成的《手机摄影艺术与技巧》目录大纲

2.2.2　起草一份企业解除劳动关系的方案

扫码看教学视频

　　Kimi能够基于企业的具体情况和劳动关系的法律法规，进行智能化分析，识别出解除劳动关系的合法性和合理性，它能够自动收集、整理和分析相关案例、法律条文和判例，为方案提供准确的法律依据。Kimi还可以针对不同员工的具体情况（如工作表现、合同条款、离职原因等），生成个性化的解除劳动关系方案。

　　用户在Kimi中编写指令时，要求抓住问题的核心和关键点，将其融入指令，确保指令清晰、具体，并包含所有必要的信息，这类提问方式有很好的目标指向性，以便Kimi能够生成一个准确和合法的解除劳动关系方案，相关案例如下。

👤　提问

Kimi，请根据以下信息为我起草一份解除劳动关系的方案：
- 企业类型：生产型企业，规模500人左右
- 员工职位：采购部经理
- 工作年限：3年
- 合同类型：固定期限
- 解除原因：经济裁员
- 法律依据：如果有，请列出相关法律条文或判例
- 期望结果：减少法律风险、维护企业声誉等
- 时间框架：完成解除劳动关系的时间要求
请确保方案符合当前的劳动法，并考虑到员工的权益保护。

K **Kimi**

> 解除劳动关系方案草案
> **一、方案背景**
> 本企业为一家生产型企业，员工规模约500人。由于市场变化和经济压力，企业需要进行经济性裁员。本次解除劳动关系的职位为采购部经理，该员工已在企业工作3年，合同类型为固定期限。
> **二、法律依据**
> 根据《中华人民共和国劳动合同法》第四十一条，企业在经济性裁员时，应当依照法定程序进行。相关法律条文包括但不限于：
> 第四十一条：企业因经营困难等经济原因需要裁员的，应当提前三十日向工会或者全体职工说明情况，听取工会或者职工的意见后，裁减人员方案经向劳动行政部门报告，可以裁减人员。
> 第四十七条：企业应当按照被裁减人员在本单位工作的年限，每满一年支付相当于一个月工资的经济补偿。
> ……
> **八、附件**
> 劳动合同解除通知书样本
> 经济补偿金计算表
> 员工权益保护措施说明
> 请注意，本方案草案仅供参考，具体实施前应咨询专业法律顾问，确保符合当地法律法规的最新要求。同时，企业应根据实际情况调整方案细节。

2.2.3　快速提取部分员工的工资单数据

扫码看教学视频

使用Kimi提取工资单数据可以显著减少人力资源部门的工作量，降低企业在工资数据处理方面的人工成本。Kimi支持对特定部分员工的工资单数据进行提取，用户可以根据需要选择需要处理的数据范围，实现灵活的数据处理。整个过程无须人工干预，Kimi能够自动完成从识别到提取的全过程，实现了工资单数据处理的自动化。

在Kimi中输入指令时，用户首先需要上传一份员工工资单，然后向Kimi提出具体的要求，使Kimi根据用户的要求来提取工资单数据，具体操作步骤如下。

步骤01 打开Kimi官方网站，在输入框的右侧单击 📎 按钮，如图2-10所示。

步骤02 弹出"打开"对话框，在其中选择需要上传的Excel数据文件，如图2-11所示。

步骤03 单击"打开"按钮，即可上传Excel数据文件，并显示在输入框的下方，如图2-12所示。

图 2-10 单击相应的按钮

图 2-11 选择 Excel 数据文件

图 2-12 显示在输入框的下方

★ 专家提醒 ★

在 Kimi 中上传员工工资单数据时，不仅可以上传一个 Excel 数据文件，还可以一次性上传多个 Excel 数据文件，最多支持 50 个文件，每个文件 100MB 以内。

步骤04 在输入框中输入相应的指令"Kimi，请提取这份工资单中绩效奖金在6000以上的员工具体信息，并以表格的形式回复"，然后单击右侧的发送按钮 ➤，便可以得到Kimi提取的员工工资单数据，如图2-13所示。

图 2-13 Kimi 提取的员工工资单数据

扫码看教学视频

2.2.4 从多份简历中快速筛选出匹配人才

Kimi能够快速处理大量数据，通过自然语言处理技术，可以在短时间内从十几份甚至更多的简历中筛选出符合特定条件的候选人，这种高效性极大地节省了企业中人力资源（Human Resources，HR）或其他招聘人员的时间和精力。Kimi基于先进的机器学习算法，能够准确理解招聘需求，并根据这些需求精确匹配简历中的信息，这样减少了人为筛选可能出现的误判和遗漏，提高了筛选的准确性。

下面以从多份简历中快速筛选出匹配人才为例，讲解使用Kimi快速筛选出匹配人才的方法，具体操作步骤如下。

步骤01 打开Kimi官方网站，在输入框的右侧单击 🔗 按钮，弹出"打开"对话框，在其中选择需要上传的个人简历文档，如图2-14所示。

步骤02 单击"打开"按钮，即可上传个人简历文档，如图2-15所示，并显示在输入框的下方。

图 2-14　选择需要上传的个人简历文档

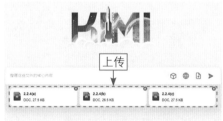
图 2-15　上传个人简历文档

步骤03 在输入框中输入相应的指令，单击右侧的发送按钮 ➤，便可以得到Kimi回复的简历筛选结果，相关指令和回复内容如下。

👤 提问

请从以上多份个人简历中，筛选出适合公司财务经理岗位的简历，要求8年以上财务岗位工作经验。

Ⓚ Kimi

根据您提供的3份简历信息，我们可以筛选出符合要求的候选人。筛选条件是候选人需要有至少8年的财务岗位工作经验。

张琦：简历显示张琦在2014年8月至2024年8月担任财务经理，这表明他有10年的工作经验，符合8年以上的工作经验要求。

刘三：简历显示刘三的教育背景是从2017年7月至2021年7月，假设他毕业后立即开始工作，那么他的工作经验从2021年8月开始计算，到2024年7月为止，工作经验为3年，不满足8年以上的要求。

李玲：简历显示李玲的教育背景是从2015年7月至2020年7月，如果她毕业后立即开始工作，那么她的工作经验从2020年8月开始计算，到2024年7月为止，工作经验为4年，同样不满足8年以上的要求。

综上所述，只有张琦的简历符合您所要求的8年以上财务岗位工作经验的条件。

2.3　擅长领域：爆款文案、奖金设计、工作总结

Kimi能学习特定的语言风格，进行创意写作，如用餐好评、爆款文案等。它能够快速访问互联网，结合搜索结果为用户提供更全面的答案，无论是进行奖金方案设计，还是生成年终工作总结，Kimi都能提供及时的信息支持。本节主要介绍Kimi的擅长领域，通过使用Kimi智能助手App帮助用户在爆款文案、奖金设计及工作总结等方面进行提效。

2.3.1　生成一篇诚意满满的用餐好评

扫码看教学视频

Kimi能够根据用户提供的指令、网页链接或具体信息，智能生成个性化的用餐好评。这意味着用户无须手动撰写，只需提供少量线索，Kimi即可完成高质量的文案创作。Kimi在生成好评时，能够融入丰富的情感表达，使评价显得真诚且富有感染力，这有助于提升评价的吸引力和可信度，让其他潜在顾客更容易产生共鸣。

相比手动撰写好评，使用Kimi生成评价可以大大节省时间和精力，用户只需简单地输入相关信息，Kimi即可迅速生成一篇完整的好评，提高了用户的工作效率。在编写指令的时候，用户可以给AI提供一些示例和引导，从而帮助AI更好地理解需求。例如，用户可以在指令中提供一些关键词或短语，或者描述一个场景或故事，让Kimi生成更具个性化的用餐好评，具体操作步骤如下。

步骤01 打开Kimi智能助手App，进入会话界面，点击下方的输入框，如图2-16所示。

步骤02 选择一种合适的输入法，输入相应的指令，如图2-17所示。

步骤03 点击右侧的发送按钮🧭，便可以得到Kimi生成的用餐好评，如图2-18所示。

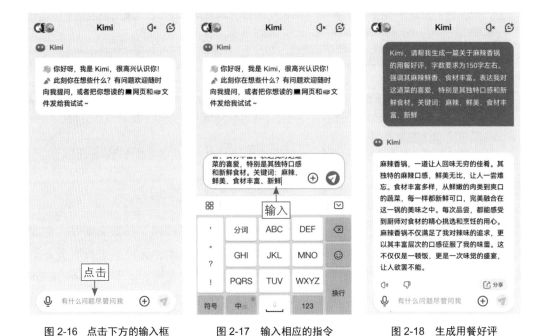

图2-16　点击下方的输入框　　图2-17　输入相应的指令　　图2-18　生成用餐好评

2.3.2　一键生成小红书爆款文案

传统的小红书文案需要耗费大量时间和精力进行构思和撰写，而Kimi的一键生成功能能在短时间内快速产出高质量的文案内容，极大地节省了用户的时间成本。Kimi利用先进的自然语言处理技术和深度学习算法，能够智能地分析用户输入的关键词、主题或需求，并据此生成符合小红书平台风格和用户喜好的爆款文案。

扫码看教学视频

Kimi生成的文案不仅符合小红书的推荐算法，还具备较高的阅读性和传播性，通过智能分析和优化，确保文案内容新颖、有吸引力，能够引发用户的兴趣和共鸣。用户在编写指令的时候，要明确文案的主题，使Kimi生成的文案更加符合要求，相关案例如下方所示。

👤 提问

请为我生成一篇小红书爆款文案，主题为"山顶星空露营"。我希望文案能够描绘出山顶露营的浪漫氛围、星空璀璨的美景，以及露营带来的宁静与自由。请确保文案吸引人，让人产生有情感共鸣，并鼓励读者去体验这样的活动。一键生成，期待你的精彩创作。

Ⓚ Kimi

当然，下面是一篇为"山顶星空露营"主题定制的小红书爆款文案，希望能够吸引读者的注意，并激发他们去体验这种独特的户外活动。

星空下的浪漫，山顶上的自由——星空露营，一场与自然的心灵对话

逃离城市的喧嚣，来到山顶，与星空为邻，与自然为伴。在这里，没有高楼大厦的遮挡，只有无边的夜空和璀璨的星辰。

想象一下，夜幕降临，你躺在帐篷里，头顶是一片无垠的星空。每一颗星星都在诉说着古老的故事，每一束星光都在照亮你的梦境。

点燃一堆篝火，火光映照着你的脸庞，温暖而明亮。围坐在火旁，与朋友们分享故事，或者静静地聆听大自然的声音，风声、虫鸣、树叶沙沙作响。

清晨，当第一缕阳光穿透树梢，唤醒沉睡的大地时，你将感受到前所未有的清新与宁静。呼吸着山间清新的空气，看着远处的云海翻涌，心中充满了对生活的热爱和对自然的敬畏。

带上你的相机，记录下这难忘的时刻。每一张照片，都是你与星空、与自然对话的见证。

星空露营，不仅仅是一次旅行，它是一次心灵的洗礼，是一次对自由的追求。在这里，你可以放下所有的烦恼，只留下宁静和自由。

来吧，加入我们，一起在山顶露营，与星空共舞，与自然共鸣。这将是一次难忘的旅程，一次心灵的旅行。

#星空露营 #山顶浪漫 #自然之旅 #心灵洗礼 #自由追求

希望这篇文案能够激发你和读者的想象力，让他们感受到山顶星空露营的独特魅力。记得配上美丽的星空和露营地的照片，让文案更加生动和吸引人。

2.3.3　新业务的奖金方案设计

在使用Kimi设计一份新业务的奖金方案时，可以充分利用其智能化、数据分析及自动化处理的能力，为奖金方案提供准确的业绩指标和市场趋势分析。根据公司的具体业务特点和团队需求，Kimi可以设计个性化的奖金方案，确保方案的适用性和有效性，设计公平、透明的奖金分配机制，确保每位员工的努力都能得到公正的回报。

扫码看教学视频

在设计奖金方案时，可以灵活设置奖金计算公式，考虑业绩达成率、个人贡献度、团队合作等多个维度。用户在编写指令的时候，要提出奖金方案的设计要求，确保奖金方案能够激发业务团队的热情，相关案例如下。

👤 提问

请为我设计一份针对新业务"短视频广告设计服务"的奖金方案。具体要求如下：
1. 应灵活设置奖金计算公式，综合考虑业绩达成率、个人贡献度及团队合作等因素。
2. 对于超额完成目标的个人或团队，应设立额外的奖励机制，以激发其积极性和创造力。
3. 奖金分配应体现公平性，确保每位员工的努力都能得到相应的回报。
在设计奖金方案时，可参考行业内类似业务的成功案例，分析其成功的要素并融入设计。
请根据上述要求，结合公司的实际情况及市场趋势，设计一份既具有激励性又具有可行性的新业务奖金方案。

K Kimi

基于您的要求，以下是一份针对"短视频广告设计服务"新业务的奖金方案设计草案。

一、奖金方案目标

确保奖金方案能够激励团队成员提升业绩，同时确保公平性和透明性，让每位员工的努力得到公正的回报。

二、奖金计算基础

固定基础奖金：根据员工的职位和基本工资设定一个基础奖金。

业绩达成率：根据设定的业绩目标，计算实际完成的业绩与目标的比率。

三、奖金计算公式

个人奖金：个人奖金＝固定基础奖金×业绩达成率×个人贡献系数

团队奖金：团队奖金＝团队业绩达成率×团队基础奖金×团队合作系数

四、超额完成奖励机制

对于超额完成业绩目标的个人或团队，设立额外奖励，公式为：超额奖励＝固定基础奖金×（超额完成率−1）

五、个人贡献度评估

通过绩效评估体系，对每位员工的工作贡献进行量化评估，包括工作质量、创新能力、客户反馈等。

......

结语

本奖金方案旨在通过合理的激励机制，激发团队成员的潜力，推动新业务的快速发展。我们期待通过这一方案，实现业务目标，提升团队的整体表现，并在行业内树立良好的口碑。

2.3.4 撰写一份行政岗位的年终工作总结

扫码看教学视频

Kimi能够快速处理大量信息，自动化撰写过程大大缩短了传统手动撰写总结所需的时间，让行政人员有更多的时间专注于其他重要工作。Kimi可以基于预设的模板和规则，确保总结内容的准确性和一致性，还能利用自然语言处理和数据分析技术，对行政工作的数据进行深度挖掘和分析。通过分析，Kimi能够发现行政工作中的规律和趋势，为未来的工作提供有价值的建议。

在编写相关指令时，用户要提出撰写年终工作总结的要点和要求，使Kimi生成的年终工作总结要素齐全，结构清晰、重点突出，相关案例如下。

👤 提问

请Kimi撰写一份行政岗位的年终工作总结，要点包括以下几点。

1. 工作概述：简要总结本年度行政工作的主要内容和完成情况。

2. 成绩与亮点：突出展示主要成就和亮点，附上数据或案例支持。

3. 问题与不足：反思存在的问题和不足，并分析原因。

4. 经验总结：提炼工作中的经验教训，为未来工作提供参考。

5. 未来展望：提出下一年度的工作目标和改进计划。

要求：

1. 结构清晰，逻辑性强。

2. 包含必要的数据和图表。

Kimi

行政岗位年终工作总结报告

一、工作概述

本年度作为行政岗位的一员，我主要负责公司日常行政事务的管理与协调，包括但不限于办公环境维护、物资采购与管理、员工活动组织，以及行政流程的优化等。在这一年中，我努力确保各项行政工作顺利进行，为公司运营提供了坚实的后勤支持。

二、成绩与亮点

办公环境优化：通过重新布局办公空间，提高了空间利用率，员工满意度提升至95%。

物资采购成本节约：通过集中采购和谈判，本年度物资采购成本同比下降了15%。

员工活动组织：成功举办了5次员工团建活动，参与度达到85%，有效提升了团队凝聚力。

行政流程优化：实现了行政流程的数字化管理，减少了纸质文档的使用，提高了工作效率。

三、问题与不足

物资管理：部分物资的库存管理不够精准，导致偶尔出现短缺或过剩的情况。

流程执行：部分行政流程在执行过程中存在滞后的问题，影响了整体工作效率。

跨部门沟通：在与其他部门的协作中，沟通效率有待提高。

原因分析如下：

物资管理问题主要是由于缺乏有效的库存监控系统。

流程执行滞后可能是由于流程设计不够合理或执行力度不够。

跨部门沟通不足可能是由于缺乏有效的沟通机制和工具。

四、经验总结

持续优化：不断审视和优化行政流程，确保其适应公司的发展需求。

技术应用：利用信息技术提高物资管理和流程执行的效率。

沟通机制：建立和完善跨部门沟通机制，确保信息的及时传递。

……

结语

在过去的一年中，我在行政岗位上取得了一定的成绩，但也存在不足之处。通过反思和总结，我将不断学习和进步，为公司的发展贡献自己的力量。展望未来，我有信心通过持续的努力和改进，实现更高的工作目标。

★ 专家提醒 ★

除了上述介绍的 Kimi 相关案例，Kimi 还擅长对长文档的内容要点进行提炼，限于本书篇幅，会在第 5 章橙篇中进行讲解，方法是一样的。

第3章
WPS AI：一款优秀的国产办公软件

　　WPS AI 是金山办公推出的一款具备大语言模型能力的生成式人工智能应用，也是中国协同办公领域的首个类 ChatGPT 式应用。它旨在通过 AI 技术提升用户在办公、写作和文档处理方面的工作效率和体验。本章将全面介绍 WPS AI 的核心功能与操作页面，并对其常用功能与擅长的领域以案例的形式进行了分析，可以大大提高用户的办公效率。

3.1　全面介绍：WPS的基本操作

　　WPS AI是非常实用的AI办公助手，可以通过自然语言处理技术，自动识别、分析和处理数据，理解用户的意图和需求，提供个性化的解决方案。WPS AI提供了全面的应用渠道，包括网页端、电脑桌面应用程序及手机App，让用户可以在不同的设备上灵活使用，享受智能化的办公体验。本节主要介绍打开并登录WPS AI平台的方法，并对其操作页面的主要功能进行了讲解，帮助用户更好地掌握WPS AI的强大功能。

3.1.1　打开并登录WPS AI平台

扫码看教学视频

　　WPS AI可根据用户的需求，自动生成文档、表格、幻灯片等各类办公文件。用户只需简单地描述或输入关键词，WPS AI即可提供丰富的模板和素材，帮助用户快速完成工作。用户在使用WPS AI进行智能办公之前，首先需要打开并登录WPS AI平台，操作步骤如下。

　　步骤01 在电脑中打开相应的浏览器，输入WPS AI的官方网址，打开官方网站，单击右上角的"登录"按钮，如图3-1所示。

图 3-1　单击右上角的"登录"按钮

　　步骤02 执行操作后，进入"微信扫码登录"页面，如图3-2所示，用手机打开微信中的扫一扫功能，扫描图片中的二维码。

　　步骤03 扫码登录成功后，页面中弹出相应的窗口，要求用户绑定手机号，如图3-3所示。

图 3-2 进入"微信扫码登录"页面

步骤 04 输入相应的手机号码与验证码,单击"立即绑定"按钮,即可绑定手机号并登录WPS AI,页面中将弹出相应的窗口,提示用户获得AI会员15天,单击"知道了"按钮,如图3-4所示,即可使用WPS AI的会员功能。

图 3-3 要求用户绑定手机号　　　　　　　图 3-4 单击"知道了"按钮

3.1.2 WPS 界面中的功能讲解

WPS AI的网页页面采用简洁明了的布局,这种简洁的布局设计有助于用户快速定位所需功能,提高工作效率。WPS AI页面中的各主要功能如图3-5所示。

扫码看教学视频

图 3-5　WPS AI 页面

下面对WPS AI页面中的主要功能进行相关讲解。

❶ 菜单栏：位于页面顶部，包括"首页""功能介绍""体验教程""交流社区"4个菜单，单击相应的菜单项，可以展开相应的功能，或者打开相应的页面。单击"功能介绍"菜单，在弹出的子菜单中可以使用WPS AI的常用功能。

❷ 输入框：在输入框中可以输入关键词或描述，向WPS AI提出问题、请求帮助、发起对话或下达指令，这是用户与WPS AI进行互动的主要方式之一。

❸ AI帮我写：这是一个强大的智能写作辅助工具，它基于人工智能技术，为用户提供了一系列便捷的写作支持功能，涵盖PPT大纲、工作周报、工作汇报、心得体会等多种类型，用户可以根据需要选择合适的模板进行编辑和使用。

❹ 创建文档：在输入框中输入相关内容后，单击"创建文档"按钮，可以快速创建或生成用户想要的文档内容。

❺ AI帮我改：在该区域中，为用户提供了一系列便捷的文本修改和优化服务，AI会智能分析文本内容，提供润色建议，使文本表达更加准确、流畅。

3.2　常用功能：行政办公、方案设计、人事表格

WPS AI能够根据用户输入的关键词、主题或简短描述，自动生成劳动合同、会议通知、团建游戏方案，以及应聘人员签到表等，帮助用户快速搭建起文档的基本框架，为用户提供更加高效、便捷和个性化的办公体验。本节将介绍使用WPS AI网页版提升工作效率的方法。

3.2.1 AI 智能起草劳动合同

WPS AI通过大语言模型，能够迅速理解用户的需求，并基于劳动合同的常见结构和内容，快速生成一份初稿，这大大节省了用户从零开始撰写劳动合同的时间。

进入WPS AI主页，在输入框中输入相应的指令，单击"创建文档"按钮，即可快速起草一份劳动合同，相关案例如下。

提问

创建一份标准劳动合同模板，包含双方基本信息、合同期限、工作内容与地点、工作时间与休息休假、劳动报酬及支付方式、社会保险与福利待遇、劳动纪律与保密条款、合同变更与解除条件、违约责任及争议解决方式等关键条款，确保符合当前劳动法律法规要求。

WPS AI

劳动合同

合同编号：[合同编号]

甲方（用人单位）：[甲方单位名称]

法定代表人（或主要负责人）：[甲方法人或负责人姓名]

注册地址：[甲方注册地址]

经营地址：[甲方经营地址]

联系电话：[甲方联系电话]

乙方（劳动者）：[乙方姓名]

性别：[乙方性别]

居民身份证号码：[乙方身份证号码]

或者其他有效证件名称：[证件名称]

证件号码：[证件号码]

家庭住址：[乙方家庭住址]

现居住地址：[乙方现居住地址]

联系电话：[乙方联系电话]

根据《中华人民共和国劳动法》《中华人民共和国劳动合同法》和有关法律法规，甲乙双方在平等自愿、协商一致的前提下签订本合同，并共同遵守本合同所列条款。

一、劳动合同期限

本合同为[固定期限/无固定期限/以完成一定工作任务为期限]合同。期限自×××年××月××日起至×××年××月××日止。[若选择固定期限的，也可约定试用期，试用期自×××年××月××日起至×××年××月××日止]。

二、工作内容和工作地点

1. 乙方同意根据甲方工作需要，从事[岗位名称]岗位（工种）工作。该岗位（工种）在甲方的工作内容包括但不限于[具体工作内容描述]。

2. 乙方的工作地点为[具体地址]。甲方可根据依法制定的规章制度变更乙方的工作岗位、工作内容和工作地点。

......

3.2.2　起草一份会议通知文档

扫码看教学视频

在传统的人工起草方式下，员工需要手动收集、整理和编写会议通知的相关信息，这个过程不仅耗时费力，还容易出错。而WPS AI则具有自动化处理的优势，可以通过自然语言处理技术，自动抓取会议相关的信息，如时间、地点、议程等，并快速生成格式规范的会议通知，这大大减轻了员工的工作负担，提高了工作效率，相关案例如下。

👤 **提问**

请帮我撰写一份会议通知。内容包括会议主题：[关于手机新品的研发]，会议时间：[2026年1月15日下午两点]，会议地点：[公司会议室]，参会人员：[刘香、李丽、张三、刘异、李胜、向东、熊飞]，以及会议的主要议程和参会人员需要注意的事项。请确保语言正式、清晰，包含所有必要的会议信息。

WPS AI

会议通知

尊敬的同事们：

为确保手机新品研发工作的顺利进行，公司决定召开一次关于手机新品研发的会议。现将会议相关事项通知如下。

一、会议主题

关于手机新品的研发

二、会议时间

2026年1月15日（星期日）下午两点

三、会议地点

公司会议室

四、参会人员

刘香、李丽、张三、刘异、李胜、向东、熊飞

五、会议议程

1. 14:00—14:10 主持人致开幕词并介绍会议背景。

2. 14:10—14:40 项目负责人介绍手机新品研发的整体规划及目标。

3. 14:40—15:10 分组讨论会：各小组就新品研发的技术难点、市场定位、用户体验等方面展开讨论。

4. 15:10—15:30 茶歇与交流。

5. 15:30—16:00 小组代表汇报讨论成果，提出建设性意见和建议。

6. 16:00—16:30 项目负责人总结本次会议并明确后续工作计划。

……

3.2.3　设计一份团建游戏方案

扫码看教学视频

团建游戏有助于提高团队凝聚力、激发成员的创新思维，还能增强领导能力，促进团队成员之间的交流和沟通。WPS AI可以根据团队人数

和特点等，设计出能够增强团队合作的游戏，帮助参与者更好地了解彼此，相关案例如下。

提问

创建一份创意团建游戏方案，包含3个互动环节，旨在增强团队协作与沟通能力。互动环节需结合室内外环境，确保趣味性与安全性。请提供每个互动环节的游戏名称、目标、规则简述及所需物资清单。

WPS AI

创意团建游戏方案
一、游戏名称：盲人接力挑战
游戏目标：
• 增进团队成员间的信任与沟通。
• 提升团队协作和分工合作的能力。
游戏规则：
1. 将所有参与者分成若干组，每组至少3人。
2. 每组内部自行决定任务分工，如"指挥官""盲人""引导员"。
3. "盲人"需戴上眼罩或蒙住双眼，由"引导员"用语言指挥其前进，避开障碍物，最终到达指定区域。
4. "指挥官"则站在终点，为"引导员"提供整体战略和指示。
5. 第一位"盲人"到达终点后，摘下眼罩，成为下一位"引导员"，接力进行。
6. 所有成员均完成接力后，用时最短的团队获胜。
所需物资：
• 眼罩或布条（用于蒙眼）
• 障碍物（如锥桶、绳子等）
• 计时器
二、游戏名称：室内寻宝探险
游戏目标：
• 激发团队成员的观察力和创造力。
• 提升团队内信息的快速传递与处理能力。
......

3.2.4　获取一份应聘人员签到表格

扫码看教学视频

应聘人员是指接受企业面试邀约到企业面试的求职者。求职者到企业面试时，需要填写"应聘人员签到表"，人力资源管理人员根据表中的面试日期和应聘职位等数据，可以对应聘人员进行有效的管理。通过WPS AI，用户可以轻松获取并创建"应聘人员签到表"，无须用户从头开始创建表格，相关案例如下。

提问

请创建一份应聘人员签到表，以表格的形式。

WPS AI

以下是一份简单的应聘人员签到表模板。请注意，这个模板可以根据您的具体需求进行调整。

序号	姓名	应聘职位	签到时间	备注
1				
2				
3				
4				
5				
……				

使用说明：

序号：按照应聘人员到达的先后顺序进行编号。

姓名：填写应聘人员的全名。

应聘职位：填写应聘人员所申请的职位名称。

签到时间：记录应聘人员到达并签到的具体时间。可以使用"年-月-日 时:分"的格式进行记录。

备注：此列可用于记录任何与应聘人员相关的额外信息，例如面试状态、是否通过初试等。

您可以在实际使用时，根据招聘活动的规模和需求，增加或减少表格的行数。同时，也可以根据需要添加更多的列来记录其他相关信息。

3.3 擅长领域：行政工作、财务报表、创业融资

WPS AI为用户提供了丰富的行业热门办公模板，涵盖行政工作、公文写作、营销报告等多个领域，用户可以根据需要选择合适的模板进行编辑和使用。在WPS Office App中，支持用户通过语音输入文字内容，从而提高输入效率，特别是对打字不便的用户来说非常实用。本节主要介绍使用WPS Office App和WPS AI电脑桌面应用程序提升办公效率的方法。

3.3.1 生成 VIP 客户年会邀请函

邀请函是一种正式的书面文件，通常用于邀请个人或团体参加特定的活动、仪式、庆典、会议等，或进入其他重要场合。这种文书旨在传达邀请者的真诚邀请，并提供受邀人所需的关键信息。用户可以提供给WPS AI相关

扫码看教学视频

的信息，让WPS AI生成一封邀请函，具体操作步骤如下。

步骤01 在WPS Office App的"首页"界面中，点击右下角的⊕按钮，如图3-6所示。

步骤02 弹出相应的面板，在"新建"选项区中点击"文字"按钮，如图3-7所示。

步骤03 进入相应的界面，点击"空白文档"按钮，如图3-8所示。

步骤04 新建一个空白文档，点击工具栏中的△按钮，如图3-9所示。

步骤05 激活WPS Office的AI功能，弹出"帮我写"列表框如图3-10所示。

步骤06 输入"邀请函"，然后在上方弹出的列表中选择"邀请函"选项，如图3-11所示。

★ 专家提醒 ★

激活WPS Office的AI功能后，会弹出一个"帮我写"列表，其中包括多种AI办公模板，如演讲稿、心得体会、总结稿、报告及待办事项等，选择相应的选项，即可快速生成相应的办公文档，以提高用户的办公效率和便捷性。

步骤07 显示"邀请函"的模板内容，在其中用户可根据需要修改文本内容，点击发送按钮➤，如图3-12所示。

步骤08 执行操作后，即可得到WPS Office AI生成的一篇年会邀请函，如图3-13所示。

步骤09 点击右下角的"插入"按钮，即可插入空白文档

图 3-6　点击相应的按钮（1）

图 3-7　点击"文字"按钮

图 3-8　点击"空白文档"按钮

图 3-9　点击相应的按钮（2）

中，点击"完成"按钮，如图3-14所示，即可完成操作。

图 3-10　弹出相应的列表

图 3-11　选择"邀请函"选项

图 3-12　点击发送按钮

图 3-13　生成年会邀请函

图 3-14　点击"完成"按钮

3.3.2 生成一份员工离职证明文件

员工离职证明是一种正式的文件，通常由雇主提供给离职员工，证明员工在特定的时间内在公司的工作情况。离职证明可以作为离职员工工作经历的证明，有助于他们在寻找新工作时向潜在的雇主展示自己的背景。同时，它也是法律文件，有时在处理一些法律事务或行政程序时可能会用到。此时，可以让WPS Office AI来帮忙写作，通过语音输入文字内容，节省手动输入的时间，具体操作步骤如下。

扫码看教学视频

步骤01 在WPS Office App的"首页"界面中，点击右下角的 ➕ 按钮，弹出相应的面板，在"新建"选项区中点击"文字"按钮，如图3-15所示。

步骤02 进入相应的界面，点击"空白文档"按钮，如图3-16所示。

步骤03 新建一个空白文档，点击工具栏中的 🅐 按钮，激活WPS Office的AI功能，弹出"帮我写"列表，点击右下角的语音输入按钮 🎤，如图3-17所示。

| 图 3-15 点击"文字"按钮 | 图 3-16 点击"空白文档"按钮 | 图 3-17 点击语音输入按钮 |

步骤04 通过语音输入相应的内容，点击发送按钮 ➤，如图3-18所示。

步骤05 执行操作后，即可得到WPS Office AI生成的一份员工离职证明文件，预览文件内容，如图3-19所示。

步骤06 点击右下角的"插入"按钮，即可将其插入空白文档，点击"完成"按钮，如图3-20所示，即可完成操作。

图 3-18　点击发送按钮　　　图 3-19　预览文件内容　　　图 3-20　点击"完成"按钮

★ 专家提醒 ★

在 WPS Office App 的"首页"界面中，点击右下角的⊕按钮，弹出相应的面板，在"快速创作"选项区中，点击"语音速记"按钮，允许用户通过语音输入来快速记录笔记或会议内容。用户只需开启语音速记并说出想要记录的内容，WPS Office App 即可自动将其转换为文字，大大提高了记录的效率。

3.3.3　创建一份收入支出明细表

企业收入支出明细表是一种重要的财务记录工具，它详细列出了企业在一定时期内的所有收入和支出情况。明细表提供了企业财务活动的清晰视图，有助于内部管理和外部审计。通过跟踪实际收入和支出与预算的对比，企业可以更好地控制成本和调整预算。

扫码看教学视频

下面介绍使用WPS Office电脑版生成一份企业收入支出明细表的操作方法。

步骤01 打开WPS Office工作界面，单击"新建"按钮，在弹出的"新建"面板中单击"表格"按钮，如图3-21所示。

步骤02 执行操作，即可新建一个表格，在"热门精选"选项卡中，选择一个收入支出明细表模板，单击"立即使用"按钮，如图3-22所示。

图 3-21 单击"表格"按钮

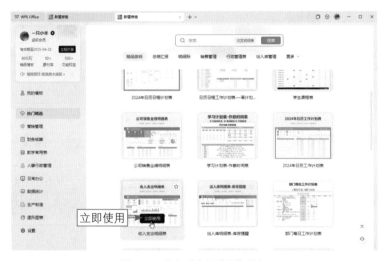

图 3-22 单击"立即使用"按钮

★ 专家提醒 ★

WPS Office是一款功能丰富的办公软件套件，它提供了多种Excel数据表模板，以帮助用户快速创建和管理不同类型的数据。使用这些预设的模板，可以减少从头开始创建表格的时间，提高了工作效率。而且，许多模板中包含预设的公式和宏，简化了数据计算和处理过程。模板中通常包含图表和图形，使数据更加直观易懂。

总之，WPS Office中的Excel数据表模板通过提供标准化、自动化和可视化的工具，帮助用户更高效、更准确地管理数据，从而支持企业的运营和战略决策。

步骤03 执行操作后，即可快速创建一份收入支出明细表，其中包括图表和数据等相关信息，展示了企业的财务数据信息，如图3-23所示。

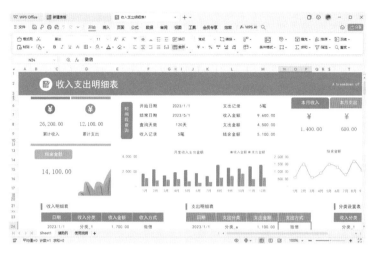

图 3-23　创建一份收入支出明细表

3.3.4　一键生成 PPT 商业计划书

　　PPT（PowerPoint）商业计划书是一种常用于展示商业想法、策略和计划的演示文档，通过视觉元素（如图表、图像和文字）清晰地展示商业计划的各个方面，向潜在的投资者展示企业的愿景、市场机会和盈利潜力，增加他们的兴趣和信心。在企业内部，PPT商业计划书可以作为沟通工具，帮助团队成员理解公司的战略方向和目标。

扫码看教学视频

　　下面介绍使用WPS Office电脑版一键生成PPT商业计划书的操作方法。

　　步骤01 打开WPS Office工作界面，单击"新建"按钮，在弹出的"新建"面板中单击"演示"按钮，如图3-24所示。

图 3-24　单击"演示"按钮

★ 专家提醒 ★

　　PPT商业计划书中包含市场调研内容，可以详细展示创业者对目标市场的深入了解，包括市场规模、竞争对手分析、潜在客户群体等，从而证明商业计划的可行性。

　　步骤02 进入"新建演示文稿"界面，单击"智能创作"缩略图，如图3-25所示。

图 3-25　单击"智能创作"缩略图

　　步骤03 执行操作后，即可新建一个空白的演示文稿，并唤起WPS AI，在文本框中输入幻灯片主题"咖啡项目商业计划书"，如图3-26所示。

图 3-26　输入幻灯片主题

步骤 **04** 单击"开始生成"按钮，即可开始生成咖啡项目商业计划书，并显示生成进度，如图3-27所示。

步骤 **05** 稍等片刻，即可生成一份详细的咖啡项目商业计划书，单击"挑选模板"按钮，如图3-28所示。

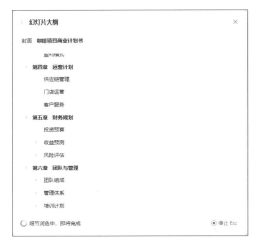

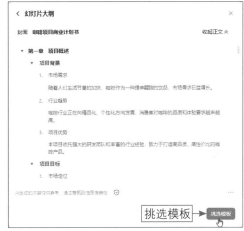

图 3-27　显示生成进度　　　　　　图 3-28　单击"挑选模板"按钮

步骤 **06** 执行操作后，弹出"选择幻灯片模板"面板，在其中选择一个自己喜欢的商务主题模板，如图3-29所示。

图 3-29　选择一个商务主题模板

步骤 **07** 单击"创建幻灯片"按钮，即可生成一份PPT咖啡项目商业计划书，部分效果如图3-30所示。

图 3-30　生成一份 PPT 咖啡项目商业计划书（部分效果）

第 4 章

百度文库：一位智能办公创作高手

  作为百度公司推出的一站式 AI 内容获取和创作平台，且功能经过不断完善，百度文库已经发展成为中国领先的在线文档和知识服务平台。在办公领域，百度文库凭借其丰富的功能、强大的技术支持和广泛的文档资源，展现出了显著的优势，堪称一位智能办公创作高手。本章主要介绍使用百度文库进行智能办公的方法，并对其常用功能和擅长的领域进行了详细讲解，是广大办公人员不可或缺的工作伙伴。

4.1 全面介绍：百度文库的基本操作

百度文库拥有庞大的文档资源库，涵盖了教学资料、考试题库、专业资料、公文写作、法律文件等多个领域，文档数量已突破13亿个。此外，百度文库还支持对文档内容的智能总结与问答，精准提炼文章要点，辅助润色美化文案，支持一键扩写、续写或改写内容。这些智能化的功能极大地减轻了办公人员的创作负担，提高了创作效率和质量。

使用百度文库进行AI办公之前，首先需要注册与登录百度文库账号，然后了解其页面中的主要功能，帮助大家更好地使用百度文库，提高工作效率。

4.1.1 注册与登录百度文库

在第1章中讲解了注册与登录文心一言的操作方法，文心一言和百度文库都属于百度公司推出的AI创作与分享平台，所以使用百度账号同样可以登录百度文库。如果用户不想填写个人信息注册百度账号，那么可以使用手机号码一键登录，只需输入短信验证码，不用填写其他任何信息，就算是未注册的用户也可以自动获取百度账号，具体操作步骤如下。

步骤 01 在电脑中打开浏览器，输入百度文库的官方网址，打开官方网站，单击上方的"登录"按钮，如图4-1所示。

图 4-1 单击上方的"登录"按钮

步骤 02 弹出相应的窗口，单击"短信登录"标签，切换至"短信登录"面板，在其中输入手机号码与验证码等信息，如图4-2所示，单击"登录"按钮，即可注册并登录百度文库。

图 4-2　输入手机号码与验证码等信息

步骤03 用户还可以使用微信登录，只需在"短信登录"面板中，单击左下角的微信图标💬，即可打开"微信登录"窗口，如图4-3所示，使用微信扫一扫功能，扫描页面中的二维码，即可使用微信账号一键登录百度文库。

图 4-3　打开"微信登录"窗口

4.1.2　百度文库页面中的功能讲解

　　百度文库是百度公司旗下的文档分享平台，为用户提供了丰富的文档资源和在线阅读功能，其页面设计简洁明了，功能强大且多样，如图4-4所示。

扫码看教学视频

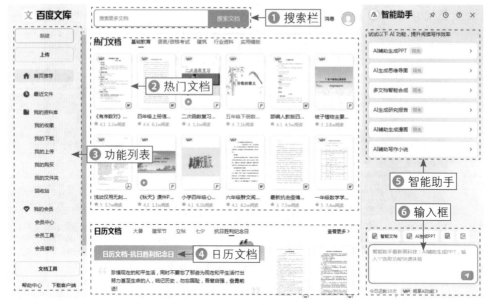

图4-4 "百度文库"页面

下面对"百度文库"页面中主要区域的功能进行相关讲解。

❶ 搜索栏：页面顶部设有搜索框，用户可以在此输入关键词来搜索文档，百度文库支持全文库搜索，用户可以轻松找到所需的办公内容。

❷ 热门文档：页面中设有"热门文档"推荐区域，展示了当前热门的文档资源，以图片和标题的形式呈现，单击相应的缩略图，即可查看详细的文档内容。

❸ 功能列表：在该区域中，用户可以新建文档、上传文档、打开最近文件、查看我的资料库等。单击"文档工具"按钮，在打开的页面中可以轻松玩转文档工具箱。

❹ 日历文档："日历文档"推荐区域是百度文库为了提升用户体验和增强内容相关性而设置的一个功能模块，它利用日历的时间轴特性，对特定日期或节气、节日相关的文档进行整理和推荐，帮助用户快速找到与当前时间或特定日期相关的文档资源。

❺ 智能助手：百度文库页面右侧的"智能助手"面板是一个基于人工智能技术的功能区域，它为用户提供了多种便捷、高效的文档处理和学习支持服务，包括AI辅助生成PPT、AI生成思维导图、多文档智能合成、AI生成研究报告、AI辅助生成漫画等。

❻ 输入框：通过在该输入框中输入主题、关键词或提纲，智能助手能够基于这些内容，生成相关的文档大纲、段落乃至完整的文档，这一功能极大地方便了用户在撰写学术论文、博客文章、新闻稿等文档时的创作过程。

4.2 常用功能：生成PPT、思维导图、研究报告

百度文库近年来在AI技术的加持下，逐步重构为"一站式AI内容创作平台"，其AI生成内容（Artificial Intelligence Generated Content，AIGC）功能已支持生成PPT、思维导图、研究报告、小红书/朋友圈文案等多种类型的内容，并可快速生成满足学习、工作、休闲等多场景写作需求的内容。本节通过相关案例，详细介绍了使用百度文库常用功能的操作方法。

4.2.1 一键生成教学课件PPT

扫码看教学视频

使用百度文库一键生成教学课件PPT极大地缩短了课件的制作时间，用户只需输入主题或相关指令，即可在短时间内获得一个结构完整、内容丰富的PPT课件，从而有更多时间专注于教学内容的打磨和优化。传统PPT制作需要用户自行设计模板、排版、插入图片等，而一键生成功能则将这些烦琐的步骤自动化，用户只需进行简单的选择和微调即可。

另外，百度文库提供了多种风格的PPT模板供用户选择，用户可以根据自己的喜好和教学需求进行个性化定制。生成的PPT课件支持用户进行进一步的编辑和修改，包括调整字体、颜色、布局等，以满足不同的教学场景和需求。下面介绍使用百度文库一键生成教学课件PPT的操作方法。

步骤 01 在电脑中打开浏览器，输入百度文库的官方网址，打开官方网站，在页面右侧的"智能助手"面板中，选择"AI辅助生成PPT"选项，如图4-5所示。

步骤 02 在下方的输入框中，AI自动设定了语言模板，要求输入PPT的主题，这里输入"手机摄影技巧"，单击发送按钮，如图4-6所示。

图 4-5 选择"AI辅助生成PPT"选项

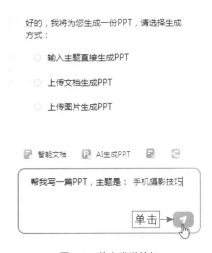

图 4-6 单击发送按钮

步骤 03 执行操作后，即可获取"手机摄影技巧"的课件内容，单击下方的"生成PPT"按钮，如图4-7所示。

步骤 04 执行操作后，弹出相应的窗口，在"选择模板"选项卡中选择一个自己喜欢的PPT模板，单击"继续生成"按钮，如图4-8所示。

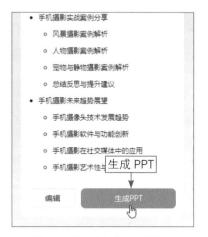

图 4-7　单击"生成 PPT"按钮　　　　　　图 4-8　单击"继续生成"按钮

步骤 05 执行操作后，进入相应的页面，其中显示了已经生成的教学课件PPT，逻辑清晰、内容准确、设计美观，如图4-9所示，确认无误后，单击右下角的"导出"按钮，即可导出PPT课件。这里需要用户注意的是，只有开通了百度文库会员，才可以导出PPT课件。

图 4-9　生成的教学课件 PPT

扫码看教学视频

4.2.2　生成职业规划思维导图

通过思维导图，可以清晰地展现出职业规划的结构和层次关系。百度文库作为一个大型的知识分享平台，拥有海量的文档资源，包括职业规划相关的模板、案例和经验分享。

结合百度文库的资源和思维导图的灵活性，用户可以轻松创建出符合自己职业规划需求的个性化思维导图。无论是从职业定位到职业转型的整个过程，还是针对某个具体职业阶段的详细规划，都可以通过思维导图进行直观展示。

下面介绍使用百度文库生成职业规划思维导图的操作方法。

步骤01 打开百度文库官方网站，在页面右侧的"智能助手"面板中，选择"AI生成思维导图"选项，如图4-10所示。

步骤02 在下方的输入框中，AI自动设定了语言模板，要求输入思维导图的主题，这里输入"财务岗位的个人职业规划"，如图4-11所示。

图 4-10　选择"AI 生成思维导图"选项

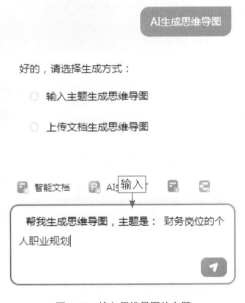

图 4-11　输入思维导图的主题

步骤03 单击发送按钮，稍等片刻，即可获得百度文库创作的思维导图，单击"查看并编辑"按钮，如图4-12所示。

步骤04 执行操作后，即可打开相应的页面，在其中可以查看百度文库创作的思维导图效果，内容全面、专业、详细，单击右下角的"导出"按钮，如图4-13所示，即可导出文件。

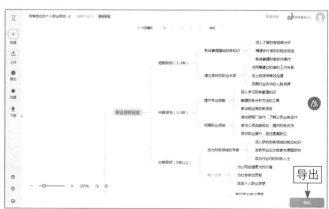

图 4-12　单击"查看并编辑"按钮　　　　图 4-13　单击右下角的"导出"按钮

4.2.3　生成消费市场研究报告

　　百度文库作为一个大型的知识分享平台，拥有海量的消费市场研究报告、案例分析、行业数据等文档资源，这些资源多由专业人士和行业专家撰写或上传，具有较高的专业性和权威性，涵盖了各个行业和领域的消费市场情况，为研究报告的撰写提供了丰富的素材和参考，有助于提升研究报告的专业性和可信度。

扫码看教学视频

　　在百度文库中生成消费市场研究报告时，用户只需在"智能助手"面板中，选择"AI生成研究报告"选项，然后设定研究报告的主题，单击发送按钮 ，即可获得一篇专业的消费市场研究报告，相关案例如下。

提问

帮我写一篇研究报告，主题是：人工智能技术在餐饮行业中的应用前景与影响

文　百度文库

　　图4-14所示为百度文库生成的一篇"人工智能技术在餐饮行业的应用前景与影响研究"。

图4-14　人工智能技术在餐饮行业的应用前景与影响研究（部分内容）

4.2.4　输入主题生成儿童漫画

扫码看教学视频

百度文库通过AI技术，实现了从一句话主题到完整漫画作品的快速生成。用户只需输入主题或上传文档，AI便能自动生成故事脚本、绘制分镜、生成图文并茂的条漫，大大降低了漫画创作的门槛。利用AI技术，人们能够通过百度文库在短时间内完成漫画的创作，大大提高了创作效率。这对想要尝试漫画创作但缺乏时间或技能的用户来说，是一个巨大的福音。

百度文库提供了多种漫画风格供用户选择，如线条增强、厚涂光影、精致写实、线漫卡通等，满足不同用户的审美需求。用户可以根据自己的喜好和需求，设定漫画中角色的形象。如果不满意AI生成的形象，还可以进行编辑或重新生成。

下面介绍在百度文库中输入相关主题生成儿童漫画的操作方法。

步骤01 打开百度文库官方网站，在页面右侧的"智能助手"面板中，选择"AI辅助生成漫画"选项，如图4-15所示。

步骤02 在下方的输入框中，AI自动设定了语言模板，要求输入漫画的主题，这里输入"一个小男孩和一只小狗在河边的故事"，如图4-16所示。

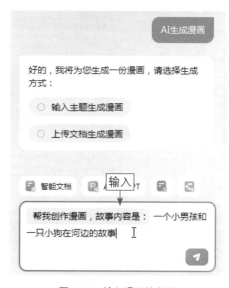

图 4-15　选择"AI 辅助生成漫画"选项　　　　图 4-16　输入漫画的主题

步骤03 单击发送按钮 ➤，稍等片刻，即可获得百度文库生成的漫画故事，单击"制作漫画"按钮，如图4-17所示。

步骤04 执行操作后，进入相应的页面，其中显示了百度文库生成的漫画故事与故事分镜，单击"下一步"按钮，如图4-18所示。

步骤05 进入"选择漫画风格"页面，在其中可以选择漫画的风格，单击"下一步"按钮，如图4-19所示。

步骤06 进入"设定角色形象"页面，其中显示了漫画中的角色形象，单击"下一步"按钮，如图4-20所示。

好的，我将为您生成一份漫画，请选择生成
方式：

　○ 输入主题生成漫画

　○ 上传文档生成漫画

　○ 依据左侧内容生成漫画

帮我创作漫画，故事内容是：一个小男孩和
一只小狗在河边的故事

根据你的创作意图，已自动生成漫画故事，
请开始制作漫画。

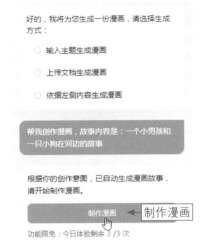

功能限免：今日体验剩余 3 /3 次

图 4-17　单击"制作漫画"按钮

图 4-18　单击"下一步"按钮（1）

图 4-19　单击"下一步"按钮（2）

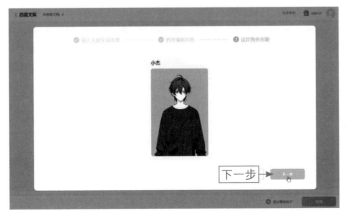

图 4-20　单击"下一步"按钮（3）

步骤 07 执行操作后，进入相应的页面，在其中可以查看分镜头的漫画效果，如图4-21所示，在右侧面板中还可以设置漫画的对话样式，单击右下角的"导出"按钮，即可导出儿童漫画。

图 4-21　查看分镜头的漫画效果

4.3　擅长领域：产品介绍、促销广告以及写小说

百度文库在办公领域具有显著的优势，不仅提供了海量高质量的文档资源，还通过智能化的内容生成与编辑、便捷的文件格式支持与管理、高效的文档协作与分享，以及专业的培训与教育资源，为办公人员提供了全方位的支持和服务。本节主要介绍使用百度文库App轻松获取文案内容进行智能办公的操作方法。

4.3.1　生成一篇电子产品介绍

扫码看教学视频

百度文库作为一站式智能写作与文档资源集合平台，拥有非常强大的文案写作能力，在生成电子产品介绍时，百度文库能够迅速调用相关领域的专业知识，确保内容准确、权威。

借助大模型的强大能力，百度文库不仅支持文档的快速生成，还能进行智能总结、问答、润色美化等高级功能。在撰写电子产品介绍时，百度文库能够自动提炼产品特点，生成结构清晰、逻辑严谨的文案，大大节省创作者的时间和精力。

下面介绍使用百度文库App生成一篇电子产品介绍的操作方法。

步骤 01 打开百度文库App，在"首页"界面中点击"更多"按钮，如图4-22所示。

步骤 **02** 进入"智能助手"界面，点击下方的文本输入框，如图4-23所示。

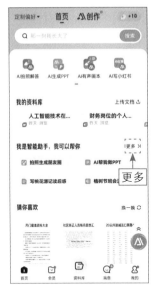

图 4-22　点击"更多"按钮　　　　　　　图 4-23　点击下方的文本输入框

步骤 **03** 输入相应的指令，点击发送按钮◀，便可以得到百度文库生成的一篇电子产品介绍，相关指令和回复内容如下。

提问

帮我写一篇关于蓝牙耳机的产品介绍，文案需突出蓝牙耳机的核心功能，如音质表现、舒适度、连接稳定性、续航能力等，文案长度控制在500字以内。

文 百度文库

> 蓝牙耳机——音乐与通话的完美伴侣
>
> 欢迎来到蓝牙耳机的世界，这是一款集高音质、舒适度、稳定连接与持久续航于一身的杰出产品。
>
> 音质是我们对音乐的追求，更是蓝牙耳机的核心。这款蓝牙耳机采用先进的音频解码技术，确保每一首音乐都能原汁原味地呈现在您耳边，让您仿佛置身于音乐厅之中，感受无与伦比的音质魅力。
>
> 舒适度是长时间佩戴的关键。我们精选了柔软亲肤的材质，结合人体工学设计，确保耳机贴合耳部轮廓，无论是运动还是日常佩戴，都能给予您舒适的体验。
>
> 在连接稳定性上，这款蓝牙耳机采用了最新的蓝牙5.0技术，保证了传输的快速与稳定。无论您身处何地，都能确保音乐不断、通话清晰，让您随时随地畅享无限。
>
> 续航能力更是这款耳机的亮点之一。单次充电即可带来长达数十小时的使用时间，让您无须担心电量不足，尽情沉浸在音乐的海洋中。
>
> 总而言之，这款蓝牙耳机是您追求高品质音乐与通话体验的完美选择。让我们一起用声音连接世界，享受生活的美好。

4.3.2　生成一篇学习机促销广告

扫码看教学视频

让百度文库生成一篇学习机促销广告，实际上涉及两个层面的内容：一是百度文库作为一个平台在内容创作和传播上的优势，二是如何利用这些优势来构思一篇具有吸引力的学习机促销广告。百度文库拥有庞大的文档资源，涵盖了教育领域的各个方面，包括学习机使用指南、学习技巧、教学资料等，这些资源为创作学习机促销广告提供了丰富的素材和背景信息，使生成的广告内容更加专业和具有说服力。

在编写指令的时候，需要强调促销广告内容的亮点、优势及语言风格，以便得到一篇理想的学习机促销广告，相关案例如下。

提问

请撰写一则吸引家长与学生关注的学习机促销广告文案。广告需突出学习机的核心价值，如高效学习、个性化辅导、丰富的教育资源及便携易用等特点。采用积极向上的语言风格，强调在当前学习环境中，拥有一款智能学习机将如何助力孩子提升学习效率，激发学习兴趣，并培养良好的学习习惯。

文　百度文库

梦想启航，智能学习机助力腾飞！

家长们，您还在为孩子的学习烦恼吗？孩子的学习效率不高？学习资源有限？我们有一款智能学习机，完美解决您的所有忧虑！

1. 高效学习，从此开始

不再是枯燥无味的学习，智能学习机通过大数据和AI算法，为孩子定制个性化的学习计划和进度，让学习变得高效又有趣。随时随地，想学就学，让孩子的学习时间更灵活，更高效。

2. 个性化辅导，针对性更强

每个孩子都是独一无二的，智能学习机了解每一个孩子的独特需求，为他们提供定制化的学习内容和辅导。疑难解答，不再等待，一键提问，秒速解答，让疑惑无处藏身。

3. 教育资源，一网打尽

海量优质资源，涵盖各个学科和年级，让孩子的学习更加全面和深入。名师在线授课，为孩子提供更专业、更权威的辅导。

4. 便携易用，随时随地

轻巧便携，不论是家中还是外出，都能轻松携带，让孩子的学习无处不在。简单易用，一键操作，孩子也能快速上手，轻松享受学习的乐趣。

5. 激发兴趣，培养良好的学习习惯

多元化的学习方式和互动模式，激发孩子的学习兴趣，让他们主动学习，享受学习。通过智能学习机，帮助孩子养成良好的学习习惯，为未来的学习和生活打下坚实基础。

限时促销，机会难得！现在购买，享受××折优惠，更有价值××元的配套课程和学习资料免费赠送！库存有限，先到先得，赶快行动吧！

为孩子投资未来，就从一款智能学习机开始！

4.3.3　用 AI 写小红书穿搭笔记

百度文库拥有庞大的文档资源，涵盖了学术、商业、技术、生活等多个领域，包括时尚穿搭等生活类内容。这意味着百度文库中包含大量的穿搭笔记、时尚趋势分析、搭配技巧等文档，为生成穿搭笔记提供了丰富的素材基础。

用户通过输入关键词或一句话，或者直接使用百度文库中设定的语言模板，即可快速生成包含穿搭建议、时尚趋势分析等内容的笔记大纲。用户还可以在指令中添加相应的要求，指导AI以什么样的方式来撰写笔记内容，以满足用户的个性化需求。下面介绍用AI写小红书穿搭笔记的操作方法。

步骤01　打开百度文库App，在"首页"界面中点击"AI写小红书"按钮，如图4-24所示。

步骤02　弹出"指令探索"面板，在"小红书笔记"选项卡中，点击"穿搭"缩略图，如图4-25所示。

图 4-24　点击"AI 写小红书"按钮

图 4-25　点击"穿搭"缩略图

步骤03　执行操作后，进入"穿搭"界面，其中显示了相应的语言模板，用户可以使用百度文库设定的语言模板来生成小红书穿搭笔记，如图4-26所示。

步骤04　如果用户对默认的语言模板不满意，可以点击"主题""类型""内容"右侧的编辑按钮✎，编辑和修改文字内容，使生成的小红书穿搭笔记更加符合要求，如图4-27所示。

步骤 **05** 内容编辑完成后，点击"开始AI生成"按钮，即可得到百度文库生成的回复内容，要求用户选择一个适合的标题，如图4-28所示。

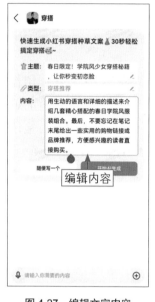

图 4-26　显示了语言模板　　　图 4-27　编辑文字内容　　　图 4-28　选择一个适合的标题

步骤 **06** 这里点击第2个标题，即可得到百度文库生成的小红书穿搭笔记，生成的内容如下。

文　百度文库

春日限定！学院风少女穿搭秘籍，让你秒变初恋脸！

嗨，小红书的朋友们，春天来啦！万物复苏，连空气都弥漫着甜甜的气息。是不是想换个风格，变身校园里的清新女神？今天就来分享几套学院风穿搭秘籍，保证让你秒变初恋脸哦！

第一套：蓝天白云，清新出街。

白色蕾丝连衣裙，蕾丝边设计超级甜美，穿上它仿佛就是校园里的甜美校花。再搭配一件蓝色针织开衫，软糯的材质和淡淡的蓝色调，就像蓝天白云一样清新。鞋子选择了一双白色小皮鞋，简单又百搭。再搭配一个白色帆布包，轻松get出街造型！

第二套：紫藤花下，浪漫满分。

紫色格子衬衫，复古又浪漫，仿佛是从油画中走出来的少女。内搭一件白色T恤，简单干净，增加了层次感。搭配一条牛仔短裙，展现活泼的一面。鞋子则选择了一双紫色帆布鞋，与衬衫相呼应，整体造型更加和谐。

第三套：粉色初恋，甜美爆表。

粉色连衣裙，柔软的面料和甜美的剪裁，让人一看就心动不已。领口和袖口的蕾丝花边设计，更是增加了整体的甜美感。鞋子选择了一双粉色小皮鞋，与裙子完美搭配。再搭配一个粉色小背包，整个造型就是满满的甜美初恋感！

购物小贴士

白色蕾丝连衣裙：来自"甜美制造"品牌，这家店的衣服真的超甜！
蓝色针织开衫：推荐"软糯针织"店铺，他们家的针织衫真的很软糯，穿上超级舒服！
紫色格子衬衫＋牛仔短裙：可以去"复古小店"淘一淘，这里有很多复古风格的衣物。
粉色连衣裙＋粉色小皮鞋：可以在"甜美公主屋"找到，他们家的粉色系列真的超美！
春天就是要穿得清新甜美，快来试试这些学院风穿搭吧！
记得点赞和收藏哦，让更多的小伙伴看到你的美丽造型！
#学院风穿搭 #春日穿搭 #甜美穿搭 #清新穿搭 #小红书穿搭分享

4.3.4　用 AI 写公众号推文

百度作为国内知名的互联网企业，其品牌影响力广泛而深远，借助
百度的品牌优势，百度文库生成的公众号推文更容易获得读者的信任和
认可。百度文库提供了便捷的公众号推文创作工具，可以帮助用户快速生成符合要
求的推文内容，降低了公众号推文的创作门槛，提高了创作效率。下面介绍在百度
文库中用AI写公众号推文的操作方法。

扫码看教学视频

步骤 01 打开百度文库App，在"首页"界面中点击"AI写小红书"按钮，如
图4-29所示。

步骤 02 弹出"指令探索"面板，点击"创意写作"标签，切换至"创意写
作"选项卡，在下方点击"公众号推文"缩略图，如图4-30所示。

步骤 03 执行操作后，进入"公众号推文"界面，其中显示了相关的公众号推
文示例，如图4-31所示。

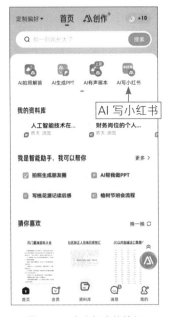

图 4-29　点击相应的按钮

图 4-30　点击相应的缩略图

图 4-31　显示公众号推文示例

步骤 04 在下方的输入框中输入相应的指令，点击发送按钮 **⊘**，便可以得到百度文库生成的一篇公众号推文，相关指令和回复内容如下。

👤 提问

写一篇关于爱情与婚姻的情感类公众号推文

文 百度文库

爱情与婚姻：幸福的两面镜子

爱情是浪漫的旋律，婚姻是相守的承诺。两者交织在生活的舞台上，共同绘制出一幅幅温馨的画面。今天，让我们一起探讨爱情与婚姻的奥秘，寻找那些让幸福长久的秘密。

一、爱情的甜蜜与浪漫

爱情，如同一首优美的诗篇，让我们陶醉在甜蜜的旋律中。它始于一次怦然心动的相遇，然后是相知、相爱的过程。在爱情的世界里，我们学会了付出、关心和理解。每一个细微的关怀，每一次深情的拥抱，都能让我们感受到爱情的力量。

然而，爱情并非一帆风顺的。它也会面临磨合与考验。但是，只要我们用心去经营，学会宽容与包容，爱情便能长久地绽放光芒。

二、婚姻的平淡与真实

婚姻，是爱情的归宿，也是生活的开始。在婚姻的殿堂里，我们不再只是恋人，更是彼此的伴侣和亲人。我们共同面对生活的喜怒哀乐，携手走过每一个春夏秋冬。

婚姻生活虽然平淡，但正是这些琐碎的日常，构成了我们生活的真实面貌。在婚姻中，我们学会了承担、责任和成长。我们为了共同的目标努力，为了家庭的幸福付出。这些付出与收获，让我们更加珍惜彼此，更加坚定地走在一起。

三、爱情与婚姻的相辅相成

爱情与婚姻并非孤立存在的，它们相辅相成，共同构筑了我们幸福的生活。爱情为婚姻注入了激情与浪漫，让我们的生活充满色彩；而婚姻则为爱情提供了稳定与保障，让爱情得以长久延续。

在爱情与婚姻的道路上，我们需要学会珍惜与感恩。珍惜每一次相遇，珍惜每一段感情；感恩彼此的付出与包容，感恩生活的恩赐与磨砺。只有这样，我们才能在爱情与婚姻的道路上越走越远，越走越幸福。

爱情与婚姻，是我们生活中最美好的礼物。让我们用心去感受它们的魅力与力量，去创造属于我们自己的幸福故事。愿每一个正在经历爱情与婚姻的你我他，都能找到属于自己的幸福秘诀，让爱情与婚姻成为我们生命中永恒的温暖之光。

★ 专家提醒 ★

百度文库在生成公众号推文方面具有丰富的内容资源、广泛的用户基础、强大的技术支持和品牌影响力等优势亮点，这些优势使得百度文库成为一个值得信赖的公众号推文创作和发布平台。

第 5 章

橙篇：一站式内容获取与创作平台

橙篇是百度文库发布的一款 AI 原生应用，它不仅是一个写作工具，更是一个集专业知识检索、问答、超长图文理解与生成、深度编辑和整理、跨模态自由创作等功能于一体的综合性 AI 产品，尤其适用于作家、记者、学生、研究人员，以及任何需要进行大量写作和内容创作的专业人士。本章主要介绍橙篇 AI 工具的优势，以及操作页面的功能讲解，并对橙篇的常用功能与擅长的领域以案例的形式进行了讲解。

5.1 全面介绍：橙篇的功能与界面讲解

2024年，随着人工智能（AI）技术的日益成熟，百度文库凭借其深厚的技术积累和创新能力，发布了全新AI写作工具——橙篇。橙篇的研发背后是百度文库12亿的内容积累、20万的精调数据、1.4亿AI用户的行为数据反馈，以及上百项尖端AI技术的支撑，这些数据和技术的积累为橙篇的推出提供了坚实的基础和保障。

用户在使用橙篇AI进行办公之前，首先需要了解橙篇的核心功能，并对其操作页面的主要功能进行熟悉和掌握，以便更好地运用橙篇提升办公效率。

5.1.1 橙篇的核心功能介绍

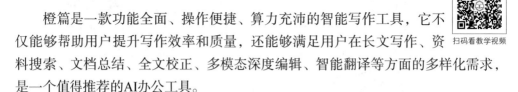

扫码看教学视频

橙篇是一款功能全面、操作便捷、算力充沛的智能写作工具，它不仅能够帮助用户提升写作效率和质量，还能够满足用户在长文写作、资料搜索、文档总结、全文校正、多模态深度编辑、智能翻译等方面的多样化需求，是一个值得推荐的AI办公工具。

橙篇是一款综合性AI工具，旨在成为用户从查阅到创作全过程的得力助手。下面以图解的方式介绍橙篇AI工具的6个核心功能，如图5-1所示。

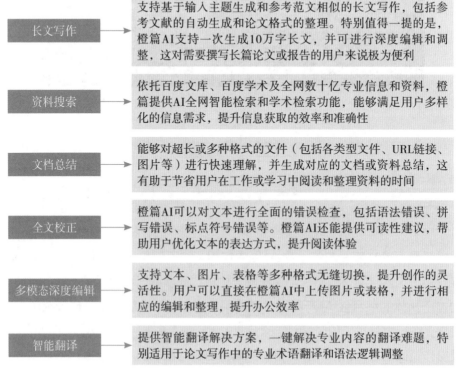

长文写作	支持基于输入主题生成和参考范文相似的长文写作，包括参考文献的自动生成和论文格式的整理。特别值得一提的是，橙篇AI支持一次生成10万字长文，并可进行深度编辑和调整，这对需要撰写长篇论文或报告的用户来说极为便利
资料搜索	依托百度文库、百度学术及全网数十亿专业信息和资料，橙篇提供AI全网智能检索和学术检索功能，能够满足用户多样化的信息需求，提升信息获取的效率和准确性
文档总结	能够对超长或多种格式的文件（包括各类型文件、URL链接、图片等）进行快速理解，并生成对应的文档或资料总结，这有助于节省用户在工作或学习中阅读和整理资料的时间
全文校正	橙篇AI可以对文本进行全面的错误检查，包括语法错误、拼写错误、标点符号错误等。橙篇AI还能提供可读性建议，帮助用户优化文本的表达方式，提升阅读体验
多模态深度编辑	支持文本、图片、表格等多种格式无缝切换，提升创作的灵活性。用户可以直接在橙篇AI中上传图片或表格，并进行相应的编辑和整理，提升办公效率
智能翻译	提供智能翻译解决方案，一键解决专业内容的翻译难题，特别适用于论文写作中的专业术语翻译和语法逻辑调整

图 5-1 橙篇 AI 工具的 6 个核心功能

5.1.2 橙篇页面中的功能讲解

目前，橙篇只有网页端和电脑客户端操作入口，没有手机端操作界面，网页端和电脑客户端的页面一模一样，设计非常简洁直观，功能模块划分清晰，用户可以轻松找到所需的功能模块并进行操作，如图5-2所示。

扫码看教学视频

图 5-2　橙篇页面

下面对橙篇页面中的主要部分进行相关讲解。

❶ 导航栏：该区域是橙篇页面的重要组成部分，它为用户提供了快速访问平台核心功能和资源的便捷途径。下面对导航栏中的5个按钮进行简单讲解。

·首页：作为用户登录或访问平台的默认页面，展示了平台的主要功能、最新动态或推荐内容，帮助用户快速了解和使用橙篇平台。

·新建：允许用户创建一个新的会话窗口，开始新的创作，重新生成新的内容。

·文件：用于管理用户在平台上创建或上传的所有文件。用户可以在这里查看、编辑、删除或分享文件，以及进行文件的导入和导出操作。

·历史：记录用户近期访问或编辑过的文档、搜索历史等，有助于用户快速找回之前的工作进度或重新访问感兴趣的内容。

·社区：提供一个交流互动的平台，让用户能够分享创作心得、提问解惑、参与讨论或发现新的灵感。社区功能增强了用户之间的连接，促进了知识的共享和传播。

❷ 下载客户端：该按钮的主要作用是为用户提供一种将平台功能安装到本地设备（如电脑或手机）上的便捷方式，橙篇提供了macOS和Windows两种客户端。

❸ 登录：单击该按钮，可以注册并登录橙篇账号，用户可以使用百度账号进行登录，也可以使用手机短信验证码一键登录。

❹ 输入框：用户可以通过这个输入框输入各种指令或关键词，以触发橙篇AI提供的各项功能。无论是进行长文写作、资料搜索、文档总结还是其他操作，都需要先在这个输入框中输入相应的指令或信息，才能获得想要的内容。

❺ 写长文神器：该功能板块是橙篇AI针对长文写作推出的一项综合性功能，旨在通过AI技术辅助用户快速、高效地完成长文创作。该功能集成了长文写作、资料搜索、全文校正和文档总结等多种功能，为用户提供一站式写作解决方案。

❻ AI工具箱：该功能板块是一个集成了多种AI辅助工具的区域，旨在为用户提供高效、便捷的创作和编辑体验，主要包括智能PPT、AI思维导图及AI漫画等工具。

5.2　常用功能：长文写作、制作图表、会议总结

橙篇是一款主打专业知识检索和问答、超长图文理解生成、深度编辑和跨模态自由创作的综合性AI产品，名字"橙篇"寓意着具有生成长文等多模态内容的能力，为用户在科研、学术等领域提供一站式的查阅、创作、编辑等全链路需求。本节通过相关案例，详细介绍了使用橙篇进行长文写作、制作图表及中英互译的操作方法。

5.2.1　一键生成万字长文小说

橙篇基于先进的自然语言处理技术和深度学习算法，能够根据用户输入的关键词、主题或参考范文，自动生成内容丰富、结构清晰的长文。使用橙篇的"长文写作"功能可以一键生成万字长文小说，旨在为用户提供一种快速、高效的写作方式。

扫码看教学视频

步骤01 打开橙篇官方网站，在首页中单击"长文写作"按钮，如图5-3所示。

步骤02 执行操作后，进入"未命名会话"页面，其中显示了长文写作的相关内容，单击下方的输入框，如图5-4所示。

步骤03 在其中输入相应的指令"请撰写一篇关于'职场新人的完美蜕变'万字长文小说"，单击发送按钮█，即可得到橙篇生成的长文大纲。如果用户对大纲满意，则可以单击下方的"生成长文"按钮，如图5-5所示。

图 5-3　单击"长文写作"按钮　　　　　　图 5-4　显示了长文写作的相关内容

图 5-5　单击下方的"生成长文"按钮

步骤 04　稍等片刻，即可使用橙篇生成万字长文小说，生成的内容如下。

Č 橙篇

职场新人的完美蜕变
摘要
　　本文详细记录了职场新人李明从初入职场到逐步成长为团队核心成员的全过程，展现了其面对挑战、寻求帮助、突破自我及取得显著成果的心路历程。李明初入职场时，通过积极融入团队、合理安排时间、高效完成任务，逐渐适应了职场环境。面对首次重大挫折，他勇于反思并主动寻求帮助，在同事和前辈的指导下，不断提升自己的专业素养和综合能力。在参与关键项目的过程中，李明展现出了卓越的领导力和团队协作能力，不仅成功推动了项目的实施，还赢得了团队和公司的广泛认可。通过不断学习和实践，李明实现了从职场新人到成熟职业人的完美蜕变，为其他职场新人提供了宝贵的经验和启示。

第一章　初入职场

1.1　新人报道

在那个春光明媚的早晨，李明怀揣着梦想和期待，踏入了××公司的大门。作为一名刚从大学毕业的新人，他对这个全新的环境既感到好奇与憧憬，又不免有些忐忑与紧张。当他走进公司宽敞明亮的大厅，那种忙碌而有序的工作氛围立刻让他感受到了职场的独特节奏。

在人力资源部的热情引导下，李明开始逐一认识他即将共事的团队成员。他注意到，每个人的脸上都洋溢着友好与热情，这让他原本紧张的心情稍微得到了一些缓解。同事们纷纷向他介绍公司的文化、工作流程及他们各自的工作职责，这些信息对于李明来说都是宝贵的财富，可以帮助他更快地融入这个新的集体。

更让李明感动的是，他的上司在简短的欢迎词中表达了对新人的高度期待。这种重视不仅让李明感到温暖，也激发了他努力工作、回报公司的决心。他深知，作为职场新人，自己还有很长的路要走，但这份期待无疑为他注入了强大的动力。

随着对工作环境和同事的逐渐熟悉，李明开始深入了解自己的工作职责。他明白，作为一名职场新人，他需要不断学习、提升自己的专业能力，以更好地适应职场的需求。在这个过程中，他遇到了不少挑战，但每次都有同事和上司的悉心指导和鼓励，让他能够勇敢面对并克服困难。

……

5.2.2　制作可视化营销数据图表

橙篇AI基于百度强大的AI技术，能够自动理解和提取营销数据，并以图表的形式输出。这种智能分析和生成能力，使得数据可视化过程更加高效和准确。橙篇不仅限于文本处理，还能处理图片、URL链接等多种格式的数据，实现跨模态的自由创作，这为用户提供了更多的数据可视化选择，让图表更加丰富多彩。

扫码看教学视频

★ 专家提醒 ★

橙篇AI支持多种图表类型，如柱状图、折线图、饼图、散点图等，能够满足不同营销数据可视化的需求，这些图表类型各有特点，能够直观地展示数据的不同方面。

下面介绍使用橙篇制作可视化营销数据图表的操作方法。

步骤01 打开橙篇官方网站，在首页中单击"制作图表"按钮，进入"未命名会话"页面，其中显示了制作图表的相关内容。选中"生成柱状图"单选按钮，如图5-6所示，此时橙篇要求用户输入或粘贴一段文本内容。

步骤02 在下方的输入框中，输入或粘贴一段文本内容"实木床的销售额为5000元，茶几的销售额为3000元，餐桌的销售额为7000元，灯具的销售额为3500元"，单击发送按钮，即可得到橙篇生成的营销数据图表，效果如图5-7所示。

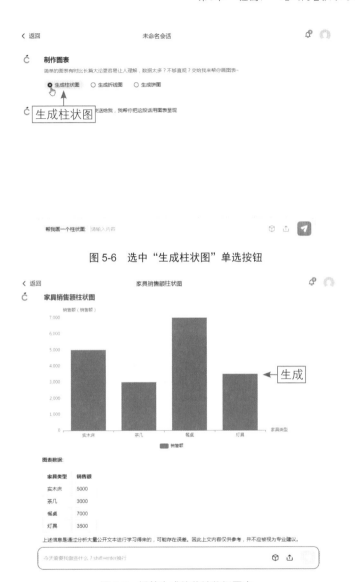

图 5-6　选中"生成柱状图"单选按钮

图 5-7　橙篇生成的营销数据图表

5.2.3　迅速总结会议纪要的要点

对于长篇的会议纪要，橙篇AI能够深入理解其中的内容和含义，把握会议的核心议题和讨论重点。基于深入理解，橙篇能够生成与会议纪要紧密相关的要点，帮助用户快速掌握会议的核心内容。橙篇能够仔细检查会议纪要中的语法错误、拼写错误等问题，确保总结的要点准确性和专业性。橙篇还可以根据会议纪要的逻辑结构，优化总结的要点的呈现方式，使其更加清晰、易读。下面介绍使用橙篇迅速总结会议纪要要点的操作方法。

扫码看教学视频

步骤 01 打开橙篇官方网站，在首页中单击"文档总结"按钮，进入"未命名会话"页面，其中显示了文档总结的相关内容，单击"上传文件"按钮，如图5-8所示。

图 5-8　单击"上传文件"按钮

步骤 02 弹出"打开"对话框，在其中选择相应的会议纪要文件，如图5-9所示。

步骤 03 单击"打开"按钮，即可上传会议纪要文件，并显示在输入框的下方，如图5-10所示。

图 5-9　选择会议纪要文件

图 5-10　显示在输入框下方

步骤 04 在输入框中输入相应的指令，单击发送按钮，即可得到橙篇总结的文档要点，相关指令和回复内容如下。

 提问

总结会议纪要中的研发计划与时间表，以及相关的推广策略。

橙篇

这份文件是智能手机新产品研发会议纪要，主要记录了关于新产品的研发方向、功能特性、设计细节、研发计划与时间表，以及市场推广策略的讨论与决定。以下是关于研发计划与时间表，以及推广策略的总结。

研发计划与时间表

1. 初步设计阶段：即日起至5月4日，将完成最终设计稿，确定硬件与软件的具体规格。此阶段包括UI/UX设计的定稿，以及硬件和软件功能的具体规划。

2. 原型机制作与测试：5月4日至7月4日，将制作原型机并进行全面的功能测试、性能测试及用户反馈收集。这一阶段是验证产品可行性和用户体验的关键时期。

3. 优化调整：7月4日至9月4日，根据原型机的测试结果进行必要的调整和优化，确保产品达到最佳状态。

4. 生产准备：供应链经理将提前与供应商沟通，确保关键零部件的供应稳定；质量控制主管将制订详细的质量控制计划，以确保生产过程中的每一个环节都符合高标准。

市场推广策略

1. 广告宣传：市场部经理提出了线上线下结合的广告宣传策略，旨在通过多渠道覆盖目标用户群体，提升品牌知名度和产品曝光率。

2. KOL合作：计划与行业内知名意见领袖（KOL）合作，通过他们的推荐和分享，增加产品的信任度和吸引力。

3. 预售活动：为了提前锁定消费者需求并制造市场热度，将安排预售活动，同时收集潜在用户的反馈，为正式上市做足准备。

4. 发布会与媒体见面会：确定了预计上市时间为11月2日，并安排了相应的发布会和媒体见面会，以正式向公众介绍新产品，并借助媒体的力量进一步扩大影响力。

总结：研发计划与时间表详细规划了从初步设计到生产准备的各个阶段，并明确了时间节点和关键任务。市场推广策略则通过多渠道广告宣传、KOL合作、预售活动及发布会等手段，全方位提升产品知名度和市场影响力，为新产品的成功上市奠定了坚实基础。

5.2.4　将景点介绍的中文翻译为英文

随着全球化的推进，国际旅游市场日益繁荣。将景点介绍翻译成英文，可以使得来自不同国家和地区的游客更好地了解景点的历史、文化、特色及游览信息，从而吸引更多国际游客前来参观，促进当地旅游业的发展。下面介绍将景点介绍的中文翻译为英文的操作方法。

扫码看教学视频

步骤 01 在首页中单击"翻译"按钮，进入"未命名会话"页面，其中显示了翻译的相关内容，选中"中译英"单选按钮，如图5-11所示，此时橙篇要求用户输入一段文本内容。

★ 专家提醒 ★

对于不懂中文的国际游客，英文景点介绍是他们获取游览信息的重要途径。通过详细的英文介绍，游客可以更深入地了解景点的背景故事、特色景观及游览路线，从而增强他们的旅游体验，使旅行更加充实和有意义。

图 5-11 选中"中译英"单选按钮

步骤 02 在下方的输入框中，输入或粘贴一段文本内容，单击发送按钮 ，即可得到橙篇翻译的英文内容，相关指令和回复内容如下。

提问

湖南长沙橘子洲景区位于湖南省长沙市岳麓区的湘江中心，是一处集自然风光、历史文化与人文景观于一体的国家AAAAA级旅游景区。橘子洲是湘江下游众多冲积沙洲中面积最大的沙洲，被誉为"中国第一洲"。它西望岳麓山，东临长沙城，四面环水，绵延十多里，宛如一只长龙横卧在湘江之中。
橘子洲景区整体开发陆地面积达91.64公顷，拥有丰富的自然景观和深厚的历史文化底蕴。景区内生长着数千种花草藤蔓植物，其中不乏名贵品种，如珍稀动物鹤、鹭、鸥、狐、獾等也在此栖息。这里四季景色各异，春来明光潋滟，沙鸥点点；秋至柚黄橘红，清香一片；深冬则凌寒剪冰，江风戏雪，是潇湘八景之一"江天暮雪"的所在地。

橙篇

The Orange Island scenic spot in Changsha, Hunan is located in the center of Xiangjiang River in Yuelu District, Changsha City, Hunan Province. It is a national AAAAA-level tourist attraction integrating natural scenery, historical culture, and human landscapes. Orange Island is the largest sandbar among many alluvial sandbars in the lower reaches of Xiangjiang River, known as "the first island in China." It faces Yuelu Mountain to the west and Changsha City to the east, surrounded by water on all sides and stretching for more than ten kilometers, resembling a long dragon lying horizontally in the Xiangjiang River.

The Orange Island scenic spot has a total land area of 91.64 hectares, boasting rich natural landscapes and profound historical and cultural heritages. There are thousands of kinds of flowers, plants, vines, and grasses growing in the scenic spot, including rare species. Precious animals such as cranes, egrets, gulls, foxes, and badgers also inhabit here. The scenery here varies with the seasons. In spring, the sun shines brightly, and sand gulls dot the sky; in autumn, pomelos and oranges turn yellow and red, filling the air with a refreshing aroma; in deep winter, the cold cuts through the ice, and the river wind plays with the snow. It is one of the eight scenic spots of Xiaoxiang, "Snowy Sunset on the River."

5.3　擅长领域：科研辅助、文档校对、新闻报道

依托百度强大的搜索引擎和AI技术，橙篇可以辅助科研工作、进行文档校对、总结新闻报道摘要等。橙篇支持多种文件格式的输入，满足多种创作需求，未来还将继续扩展AI创作领域的应用范围。本节将通过相关案例，详细介绍橙篇在相关领域中的具体应用。

5.3.1　精准查找文献辅助科研工作

扫码看教学视频

橙篇依托百度文库、百度学术等平台的数10亿级专业学术资料库，包含100万国内外学术站点，资料实时更新，确保用户能够获取到最新、最全面的科研资料。橙篇提供专门的"学术搜索"功能，支持用户根据关键词、作者、出版物等条件进行精确搜索，快速定位到所需的学术文献，满足科研工作的专业需求。下面介绍精准查找文献辅助科研工作的方法。

步骤 01 在首页中单击"资料搜索"按钮，进入"未命名会话"页面，其中显示了资料搜索的相关内容，单击"学术搜索"按钮，如图5-12所示，此时橙篇要求用户输入主题内容。

图 5-12　单击"学术搜索"按钮

步骤02 在下方的输入框中，输入相应的文本内容，单击发送按钮▲，即可得到橙篇搜索到的科研文档资料，相关指令和回复内容如下。

提问

我正在进行一项关于"医疗领域人工智能技术"的研究，需要收集该领域的最新进展、关键理论、实证研究结果，以及技术突破等方面的文献。

橙篇

我找到了以下10篇文档，请查看。

1.《知识图谱研究综述及其在医疗领域的应用》—— 本文综述了医疗领域人工智能技术中知识图谱的研究进展。首先分析了医疗大数据背景下知识图谱技术的重要性，随后详细探讨了医学知识图谱的构建技术、关键模块及应用现状。针对当前存在的问题与挑战进行了讨论，并对该领域的发展前景进行了展望。知识图谱技术有望为解决医疗资源供需矛盾提供重要支持。

2.《人工智能技术在胃肠及肝脏疾病诊疗中的应用研究进展》—— 这篇文档综述了人工智能技术在医疗领域，特别是消化系统疾病诊疗中的最新应用进展。AI技术通过数据处理、模型建立和验证，辅助医生进行病变检测、评估、治疗及预后预测，对医疗领域产生了巨大影响。该研究为医疗AI技术提供了宝贵的参考。

3.《人工智能应用领域的研究与展望》—— 该文档探讨了智能科技尤其是人工智能在各领域的应用，特别是在医疗领域，人工智能以其高效、稳定、精确等优势，为人们的健康提供了多层次服务。文章还展望了人工智能在医疗等领域的发展趋势和挑战，为医疗领域人工智能技术的进一步研究提供了重要参考。

4.《公众对人工智能医学领域应用的态度及接受程度的调查研究》—— 本篇资料通过互联网问卷调查探讨了公众对医疗领域人工智能技术的看法。调查结果显示，大部分调查对象对人工智能有一定的了解，并支持其在医学领域的应用，但认为人类医生仍优于"人工智能医生"。年龄和文化程度对看法有显著影响，公众对技术和安全有担忧。建议加强医疗人工智能科普教育，提高公众的接受度。

......

5.3.2 对新媒体文章进行文档校对

橙篇能够智能检查文章中的语法错误、拼写错误、标点符号错误等常见问题，确保文章的准确性。除了基本的语言错误，橙篇还能进行语义分析，识别出文章中的逻辑错误、表述不清等问题，并给出改进建议，这种深度校正功能对提升新媒体文章的质量至关重要。

扫码看教学视频

另外，橙篇兼容多种文件格式（如PDF、Word、图片等），方便用户导入不同来源的文档进行校对。下面介绍使用橙篇对新媒体文章进行文档校对的操作方法。

步骤01 在首页中单击"全文校正"按钮，进入"未命名会话"页面，其中显示了全文校正的相关内容，单击"上传文档"按钮，如图5-13所示。

步骤 02 弹出"打开"对话框，在其中选择一篇新媒体文章，如图5-14所示。

图 5-13　单击"上传文档"按钮　　　　　图 5-14　选择一篇新媒体文章

步骤 03 单击"打开"按钮，即可上传新媒体文章，并显示在输入框的下方，单击右侧的发送按钮 ，即可得到橙篇回复的文档校对报告及建议，如图5-15所示。

〈 返回　　　　　　　　　　　文档校对报告及建议

好的，已完成校对。共发现0处纠错问题，2处可读性问题，并提供了全文修改建议，可点击下方文档查看详情

题：宠物狗：人类最好的朋友 副标题：探索宠物狗的世界，了解它们如何丰富我们的生活 在忙碌的都市生活中，宠物狗以其忠诚、活泼和无条件的爱，成为许多人心灵的慰藉。它们不仅是家庭的一部分，更是我们生活中的快乐源泉。本文将带您走进宠物狗的世界，了解它们如何成为我们最好的朋友。 宠物狗的历史 狗是人类最早驯化的动物之一，与人类共同生活的历史可以追溯到几千年前。**狗是人类最早驯化的动物之一，与人类共同生活的历史可以追溯到几千年前。** 从古代的狩猎伙伴到现代的家庭成员，狗的角色经历了巨大的变化，但它们与人类的深厚情感从未改变。 宠物狗的种类 世界上有数百种不同的狗品种，每种都有其独特的性格和特点。从小型的吉娃娃到大型的圣伯纳，从活泼的边境牧羊犬到温顺的金毛寻回犬，选择适合自己生活方式的宠物狗至关重要。 宠物狗的护理 拥有一只宠物狗意味着承担起照顾它们的责任。**拥有一只宠物狗意味着承担起照顾它们的责任。**
针对上述论文的内容，以下是一些修改建议：

一、结构布局评价与建议
1. 论文结构清晰，各个部分之间逻辑连贯，但部分内容可以进一步细化以增强论文的深度和广度。
2. 建议增加关于宠物狗与人类关系的更具体实例，例如在"宠物狗的历史"部分可以详细讲述几个具体的狗品种和人类文明的深厚渊源。在"宠物狗的社会影响"部分可以详细阐述宠物狗在社会服务中的具体作用及其对社会产生的实际影响。
二、文笔风格评价与建议
1. 文笔流畅，语言通俗易懂，表达清晰。
2. 在描述具体情景时，可以增加一些生动的细节描述，例如具体描绘宠物狗与人之间的温馨互动场景，以增加论文的感染力。
三、内容修改建议
1. 在"宠物狗的种类"部分，可以加入各种犬种的习性、性格与人类的适应度分析，使读者在选择宠物狗时更有参考价值。
2. "宠物狗的护理"部分可以进一步细化，比如增加关于如何训练宠物狗的内容，包括训练技巧、训练周期等。此外，针对

今天需要我做些什么？shift+enter换行

内容由AI生成，仅供参考，请遵守《橙篇用户协议》、《橙篇个人信息保护规则》

图 5-15　橙篇回复的文档校对报告及建议

5.3.3 迅速总结新闻报道的摘要

扫码看教学视频

橙篇具备行业领先的超长文档理解能力，可以处理包括新闻报道在内的大量、多种格式的内容，如PDF、Word、图片、链接等，它能够高度概括提炼新闻报道的核心内容，并生成精练的摘要，帮助用户快速获取关键信息。

下面介绍使用橙篇迅速总结新闻报道摘要的操作方法。

步骤01 在橙篇首页中，单击输入框右侧的 按钮，如图5-16所示。

步骤02 弹出"打开"对话框，在其中选择一篇新闻报道，如图5-17所示。

图 5-16 单击右侧的相应按钮   图 5-17 选择一篇新闻报道

步骤03 单击"打开"按钮，即可上传新闻报道文档，在输入框中输入相应的指令，单击右侧的发送按钮 ，即可得到橙篇总结的新闻报道摘要内容，相关指令和回复内容如下。

提问

请为我快速提炼这篇新闻报道的核心内容，包括主要事件、关键人物及影响，形成简洁的摘要。

橙篇

这份文件是关于阳光希望小学建设的新闻报道，主要介绍了该项目的启动、关键人物及其影响。以下是核心内容摘要。

主要事件

奠基仪式：2024年7月15日，阳光村举行阳光希望小学的奠基仪式，标志着该项目的正式启动。

建设周期：学校预计将在一年内建成，预计完成日期为2025年7月，秋季学期正式开学。

受益群体：学校将服务于阳光村及周边地区的200多名儿童，为他们提供优质的教育资源和学习环境。

关键人物

张华：爱心教育基金会的创始人，坚信教育能改变命运，此次资助阳光希望小学是其乡村教育实践的又一里程碑。

李芳：阳光希望小学的校长，对教育充满热情，将领导学校为孩子们提供全面而优质的教育。

影响

社会影响：新建的希望小学将显著提升阳光村的教育水平，为当地儿童提供更多元化的学习机会，促进社区的整体发展。

经济影响：学校建设将带来直接经济利益，包括建筑工人的就业机会，以及学校运营后对当地服务业的带动。

政策影响：项目成功实施可能激发更多社会组织和个人关注并投资乡村教育，推动政府在教育均衡发展上的政策制定。

总结：阳光希望小学的建设是爱心教育基金会对阳光村教育事业的重大投资，旨在通过提供优质教育资源，改变当地儿童的命运，促进社区和社会的发展。该项目得到了社会各界的关注和支持，预计将对阳光村及周边地区产生深远影响。

5.3.4　一键撰写生动的电影影评

扫码看教学视频

橙篇具备强大的AI算法和知识库，为用户撰写影评提供了丰富的素材和背景知识，能够根据用户输入的电影名称或相关关键词，自动生成影评的初步框架和内容。用户可以根据个人喜好和观影感受，对生成的影评进行个性化定制，如修改观点、添加细节、调整语言风格等，以满足不同读者的需求。

橙篇的一键撰写功能极大地提高了影评的撰写效率，用户只需简单地输入相关信息，即可快速获得一篇高质量的影评内容。这对需要快速产出影评的媒体工作者、影评人及电影爱好者来说，无疑是一个巨大的福音，相关案例如下。

提问

请针对电影《第二十条》撰写一篇生动详细的影评，包括剧情概述、角色分析、视觉风格评价及整体观影感受，确保语言流畅，观点鲜明，能够吸引读者的兴趣。

橙篇

电影《第二十条》：法与人性的深度剖析

电影《第二十条》不仅是一部关于法律与正义的影片，更是一部深入探讨人性与情感的佳作。在张艺谋的执导下，这部作品巧妙地将现实主义精神与浪漫主义情怀相结合，为观众呈现了一场视觉与心灵的盛宴。

在剧情概述上，《第二十条》围绕着检察官韩明和他的家庭展开。人到中年的韩明，正努力抓住职业生涯的尾巴，进入市检察院工作。然而，一场分歧巨大的案件却让他陷入了困境。与此同时，他的家庭也面临着相似的考验。电影的剧情紧凑，情节跌宕起伏，让人在紧张刺激中感受到了法律与生活的交织。

在角色分析方面，影片中的每个角色都生动而立体。马丽饰演的李茂娟，作为本片的绝对女主，充分展现了普通人在面对不公时的挣扎与无助。她的坚韧与彷徨，让观众产生了强烈的共鸣。高叶饰演的吕玲玲则是正义的化身，她为了维护法律的尊严和公正，不惜与恶势力斗争到底。赵丽颖饰演的郝秀萍则代表了社会底层受冤枉的人，她的表演堪称教科书级别，让人印象深刻。

在视觉风格上，《第二十条》展现出了张艺谋导演一贯的精致与细腻。电影的镜头运用巧妙，画面构图精美，无论是城市的繁华还是乡村的宁静，都被捕捉得淋漓尽致。同时，电影中的音效和配乐也相得益彰，为观众营造了一种沉浸式的观影体验。

在整体观影感受上，《第二十条》给人留下了深刻的印象。影片不仅让观众感受到了法律与正义的力量，更让人们思考了人性与情感的价值。影片中的每个角色都充满了生命力，他们的喜怒哀乐、挣扎与抗争都让观众感同身受。此外，影片还巧妙地融入了社会现实，让观众在欣赏电影的同时，也能感受到生活的真实与残酷。

总之，《第二十条》是一部值得一看再看的佳作。它用生动的故事、立体的角色和精致的视觉风格，成功地展现了法律与生活的交织，让观众在欣赏电影的同时，也能思考人性与情感的价值。这部电影无疑将在中国电影史上留下浓墨重彩的一笔。

【AI文案篇】

第6章

豆包：快速生成各种文案内容

豆包是字节跳动公司基于云雀模型开发的一款 AI 工具，它以丰富的功能和智能的交互方式，为用户提供了便捷、高效的信息获取和创作体验。豆包定位为 AI 聊天智能对话问答助手，同时也是写作文案、教师备课、诗词创作、编程的全能工具。本章将全面介绍豆包的常用功能与擅长的领域，帮助用户快速提高工作效率和创作能力。

6.1 全面介绍：豆包的功能与页面讲解

豆包基于云雀模型开发，具备强大的自然语言处理能力和智能分析能力，这使得豆包能够准确地理解用户的意图和需求，并给出更加精准的回答和建议。豆包支持多种平台，包括网页Web平台、iOS及Android平台，iOS用户需要使用TestFlight进行安装。本节主要介绍豆包的核心功能，并对其操作页面的主要功能进行了讲解，以便更好地运用豆包进行工作。

6.1.1 豆包的核心功能介绍

豆包以其先进的技术和丰富的功能，为用户提供了一个智能、个性化的AI工具。无论是信息查询、写作辅助还是情感陪伴，豆包都能提供便捷、高效的服务。同时，豆包的多模态交互方式和个性化定制功能也使得用户与豆包的交互更加自然和有趣。下面以图解的方式介绍豆包的7个核心功能，如图6-1所示。

扫码看教学视频

AI搜索	这一功能能够帮助用户快速、精准地在海量的信息中找到所需内容。用户只需输入关键词或相关描述，豆包就能筛选出与之相关的各种信息资源，包括网页、文档、新闻等
阅读总结	此功能可以对长篇幅的文本进行提炼和概括，提取关键要点和核心内容。对于复杂的文章、书籍内容或市场报告，它能帮助用户快速把握主旨，总结出市场趋势和关键数据
帮我写作	当用户需要创作各类文本时，这个功能可以提供创意、构思和具体的文字表述。无论是写作一篇演讲稿、一篇小说的开头，还是一则广告文案，豆包都能给出有价值的帮助和参考
图像生成	用户通过输入描述或特定的要求，系统能够利用人工智能技术生成相应的图像，无论是想象中的奇幻场景、特定风格的人物形象，还是抽象的概念图像，都有机会实现
网页摘要	当用户浏览网页时，该功能能够迅速提取网页的主要内容，并以简洁明了的方式呈现给用户，这有助于用户快速了解网页的重点，节省阅读时间
内容翻译	能够在多种语言之间进行准确的翻译，无论是词语、句子还是长篇文本，都能实现快速且准确的转换。例如，用户输入一段中文，它可以准确地翻译成英文、法文等多种语言
情感交流	豆包作为倾听者，可以理解和回应用户的情感表达，提供安慰、建议和支持，当用户倾诉"我今天心情很差"时，豆包会给予温暖的回应和适当的建议

图6-1 豆包的 7 个核心功能

6.1.2　豆包页面中的功能讲解

扫码看教学视频

豆包作为一款AI产品，其操作页面简洁明了，以直观的方式呈现，以便用户快速上手。豆包页面整体给人一种清爽、专业的感觉，如图6-2所示。

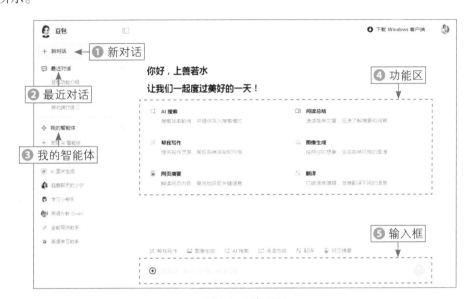

图 6-2　豆包页面

下面对豆包页面中主要区域的功能进行相关讲解。

❶ 新对话：单击"新对话"按钮，能为用户开启一个全新的、独立的对话窗口，使用户与豆包的交流更加高效和清晰。

❷ 最近对话：该列表中展示了用户近期与豆包进行过的交流记录，可以快速找到相关历史内容，无须费力回忆或重新输入相同的问题。比如，用户几天前咨询过关于健身计划的制订，现在想要回顾具体的建议，展开"最近对话"列表就能轻松找到。

❸ 我的智能体：该列表中展示了不同特点和专长的智能体，每个智能体在知识领域、交流风格或解决问题的方式上有所不同。例如，有的智能体更擅长文学艺术领域的交流，有的则在科学技术方面表现出色。

❹ 功能区：该区域展示了豆包的常用功能，如AI搜索、帮我写作、网页摘要、阅读总结、图像生成及翻译等功能，以适应不同场景和需求下的交互。

❺ 输入框：该区域是用户与豆包进行交流和传达需求的主要入口，用户可以在该输入框中输入自己的想法、疑问、需求等各种信息。无论是寻求知识解答，还是请求创意启发，都通过在此输入内容来发起交流。

6.2 常用功能：AI搜索、帮我写作、图像生成

豆包能够回答用户提出的各种类型的问题，无论是科学知识、历史事件、文化传统，还是技术问题、生活常识等，豆包都会为用户准确地阐述其定义和内涵。豆包致力于以丰富的知识和多样的能力，满足用户在信息获取、文案写作和图像生成等多方面的需求。本节主要介绍豆包的常用功能，帮助用户更好地使用豆包工具进行智能办公。

6.2.1 AI 搜索老年产业的最新资讯

使用豆包的"AI搜索"功能，能够快速搜索并整合老年产业的最新资讯，为用户提供全面、准确的信息，具有高效、便捷、个性化和安全可靠等优势亮点。除了简单的信息搜索，豆包还能对搜索到的内容进行深度分析，提炼出关键信息和核心观点，帮助用户更快地把握行业动态。下面介绍使用豆包搜索老年产业最新资讯的操作方法。

扫码看教学视频

步骤01 在豆包首页中，选择"AI搜索"选项，如图6-3所示。

图6-3 选择"AI搜索"选项

步骤02 进入"AI搜索"页面，其中提供了许多资讯的主题，如图6-4所示，如果用户对某些主题感兴趣，则可以直接单击相应的主题，让豆包搜索相同主题的资讯。

步骤03 如果豆包提供的主题没有满足用户的需求，则可以在下方的输入框中，手动输入主题内容，如"老年产业的最新资讯"，单击发送按钮↑，即可得到豆包搜索到的最新资讯内容，相关指令和回复内容如下。

图6-4　提供了许多资讯的主题

 提问

搜索一下：老年产业的最新资讯。

👩 豆包

　　下面为你分享几则老年产业的最新资讯。

　　中国老年营养食品发展大会举行供需对接会：7月12日，2024中国老年营养食品发展大会"老年营养食品产业供需对接会"在江苏宜兴举办。此次对接会围绕"聚焦生命健康大产业，融入银发经济新赛道"进行探讨，旨在搭建交流合作平台，促进产业链上下游企业深度合作，推动老年营养食品产业发展。

　　全国养老服务监管工作会议在京召开：7月12日至13日，全国养老服务监管工作会议在京举行。会议强调，要积极探索"互联网+监管"模式，为养老服务监管赋能。

　　6个城市放宽外资进入养老等领域：国务院近日发布批复，同意沈阳、南京、杭州、武汉、广州、成都等6个城市在养老等领域放宽外资进入。这一举措将引入更多国际资源和先进经验，推动国内养老服务产业提升。

步骤 04 在资讯内容的下方，显示了多个标题内容，用户选择相应的标题，可以继续询问豆包关于老年产业的发展趋势，相关指令和回复内容如下。

 提问

老年产业的未来发展趋势是怎样的？

👩 豆包

　　老年产业的未来发展趋势包括以下几个方面。

1. 市场规模持续扩大：随着老年人口的增加，养老产业的市场需求将不断增长。预计到2027年，中国养老产业市场规模将突破20万亿元。

2. 政策支持力度加大：为应对人口老龄化，国家将出台更多政策支持老年产业的发展，包括鼓励社会资本进入、提供财政补贴、加强监管等。

3. 消费需求升级：新一代老年人口具有更高的消费能力和消费意愿，他们对养老服务和产品的品质及个性化需求将不断提高。

4. 产业链不断完善：老年产业将涵盖更多领域，如医疗、康复、护理、旅游、文化、教育等，形成完整的产业链。

5. 科技创新应用：人工智能、物联网、大数据等科技将在老年产业中得到广泛应用，提高养老服务的质量和效率。

6. 老年再就业和老年教育市场的发展：随着人均寿命和健康水平的提高，部分低龄老人有再就业和学习的需求，老年再就业平台和老年教育行业将迎来发展机遇。

7. 国际合作加强：中国的老年产业将吸引更多国际资本和企业进入，同时国内企业也将加强国际合作，提升产业的国际化水平。

总之，老年产业具有广阔的发展前景，未来将不断涌现新的机遇和挑战。企业和投资者应关注市场需求变化，积极创新，提升服务质量，以适应老年产业的发展趋势。

6.2.2 快速生成高质量的毕业论文

豆包能够基于用户的输入和指令，快速生成论文的初稿或部分内容，这在一定程度上可以节省写作者的时间和精力，尤其是在论文框架搭建和初步内容填充阶段。豆包还支持多种写作风格和语气，用户可以根据论文的具体要求选择合适的风格，使论文更加符合学术规范或特定领域的表达习惯。下面介绍使用豆包快速生成高质量的毕业论文的操作方法。

步骤01 在豆包首页中，选择"帮我写作"选项，进入"帮我写作"页面，在其中单击"论文"缩略图，如图6-5所示。

图6-5 单击"论文"缩略图

步骤**02** 在下方的输入框中，输入相应的指令，单击发送按钮↑，便可以得到豆包生成的一篇关于"跨境电商"的毕业论文，相关指令和回复内容如下。

👤 提问

帮我写一篇关于跨境电商的毕业论文，字数在6000字左右。

👩 豆包

跨境电商的发展、挑战与应对策略

摘要：本论文深入探讨了跨境电商在全球经济一体化背景下的蓬勃发展，详细阐述了其发展历程、现状及显著特点。同时，深入剖析了跨境电商所面临的一系列挑战，如物流配送、法律法规、支付安全、贸易壁垒等，并针对这些挑战提出了相应的应对策略。通过对多个实际案例的研究，进一步验证了这些策略的可行性和有效性。展望未来，跨境电商有望在技术创新、市场拓展和政策优化等多方面因素的共同作用下，实现更稳健、可持续的发展。

关键词：跨境电商；发展现状；挑战；应对策略

一、引言

随着信息技术的飞速发展和全球经济一体化进程的加速，跨境电商作为一种新型的国际贸易模式，正以惊人的速度崛起，并对全球贸易格局产生深远影响。跨境电商打破了传统贸易的地域限制和时间限制，降低了贸易成本，提高了贸易效率，为消费者提供了更多的选择和便利。然而，跨境电商在发展过程中也面临着诸多挑战，如物流配送、法律法规、支付安全等。因此，研究跨境电商的发展、挑战与应对策略具有重要的理论和实践意义。

二、跨境电商的发展历程与现状

（一）发展历程

跨境电商的发展可以追溯到20世纪90年代，随着互联网技术的普及和应用，一些企业开始尝试通过网络开展国际贸易。进入21世纪，电子商务的快速发展为跨境电商的崛起奠定了基础。2008年全球金融危机后，传统贸易受到冲击，跨境电商凭借其低成本、高效率的优势迅速发展。近年来，随着移动互联网、大数据、人工智能等技术的不断创新，跨境电商的发展进入了一个新的阶段。

……

6.2.3　为文案搭配卡通人物图片

扫码看教学视频

豆包不仅可以生成各种文案内容，还可以通过"图像生成"功能为各种文案配图，使制作的文案内容丰富多彩，更具吸引力。

豆包的"图像生成"功能是一项基于人工智能技术的强大工具，它能够根据用户的需求和输入信息，自动生成创意图像，这些图像可以用于产品展示、内容创作、社交媒体分享等多种用途，极大地丰富了用户的视觉表达和创作手段，满足用户在不同场景下的需求。

下面介绍使用豆包生成卡通人物图片的操作方法。

步骤**01** 在豆包首页中，选择"图像生成"选项，进入"图像生成"页面，在其中选择一张卡通人物图片，单击"做同款"按钮，如图6-6所示。

图6-6　单击"做同款"按钮

步骤02 执行操作后，此时该图片作品的指令显示在下方的输入框中，单击右侧的发送按钮↑，如图6-7所示。

图6-7　单击右侧的发送按钮

步骤03 执行操作后，即可生成4幅相应的卡通人物图片，如图6-8所示，这些图片可用于儿童教育领域，或者作为童话故事书中的插图。

图 6-8　生成 4 幅相应的卡通人物图片

步骤04 在自己喜欢的图片上单击，即可放大预览图片效果，如图6-9所示，在图片上单击鼠标右键，在弹出的快捷菜单中选择"图片另存为"命令，即可保存图片。

图 6-9　放大预览图片效果

★ 专家提醒 ★

在豆包平台中，"做同款"功能简化了图片创作的流程，特别是对于那些希望模仿特定风格但缺乏专业技能的用户，该功能可以作为创意启发工具，帮助用户探索不同图片创作的可能性，包括卡通类、风光类、人像类、动物类以及产品类等。

6.2.4 提取网页内容的关键信息

豆包的"网页摘要"功能是一项强大的工具，它利用人工智能技术帮助用户快速提取并理解网页中的关键信息，允许用户输入或粘贴网页链接，随后自动分析并生成该网页的摘要内容。这一过程涵盖了网页解析、信息提取和语义理解等多个环节，旨在帮助用户快速了解网页中的主要内容，提升浏览效率。用户无须逐字逐句阅读整个网页，即可快速了解其主要内容，节省了大量时间和精力。下面介绍使用豆包提取网页关键信息的操作方法。

扫码看教学视频

步骤01 在豆包首页中，选择"网页摘要"选项，进入"网页摘要"页面，如图6-10所示，用户可以在其中可以解读网页内容，高效地获取关键信息。

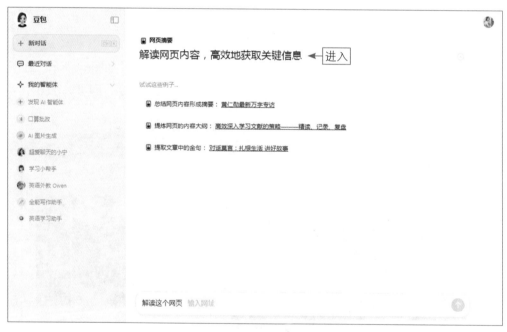

图6-10 进入"网页摘要"页面

步骤02 在下方的输入框中输入或粘贴网址，单击右侧的发送按钮↑，即可快速提取网页中的关键信息，如图6-11所示，为用户节省了大量的阅读时间。

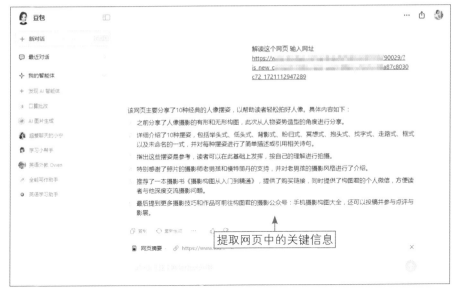

图 6-11　快速提取网页中的关键信息

6.3　擅长领域：诗词创作、旅游规划、代码生成

豆包擅长的领域非常丰富，无论是在学习、工作还是在生活中，都能派上用场。例如，诗词创作、旅游规划、代码生成及广告词撰写等，用户可以通过不同的设备和方式使用豆包，确保其便捷性和可访问性。本节主要介绍使用豆包App生成各种文案的操作方法。

6.3.1　创作一首古诗词

扫码看教学视频

豆包依托先进的自然语言处理技术和算法，能够迅速理解用户的输入意图，并据此生成高质量的诗词内容。这种智能算法不仅提升了创作效率，还保证了生成的诗词在结构和韵律上的合理性，使创作过程更加高效和便捷。

豆包支持用户自定义诗词的长度、格式和风格，使创作过程更加灵活多样。用户只需输入部分关键词或句子，豆包便能根据这些内容生成与之相关的诗词。下面介绍使用豆包App创作一首古诗词的操作方法。

步骤01 打开豆包App，进入"豆包"界面，点击下方的"帮我写作"按钮，如图6-12所示。

步骤02 弹出"帮我写作"面板，在"类型"选项区中选择"诗歌"选项，如图6-13所示。

步骤03 在"风格"选项区中，可以设置诗词的语气、长度和语言等，如图6-14所示。

图6-12 点击"帮我写作"按钮　　图6-13 选择"诗歌"选项　　图6-14 设置诗词的风格

步骤04 在输入框中输入相应的指令，点击发送按钮↑，便可以得到豆包创作的一首古诗词，相关指令和回复内容如下。

👤 提问

帮我写一首关于爱情的诗词，体现刻骨铭心的感受，风格为古诗词。

🧑 豆包

以下是为您创作的一首关于爱情、体现刻骨铭心感受的古诗词。
《情深入骨》
红尘携手共欢时，心醉神迷两意痴。
月下花前盟誓永，风中雨里念君知。
相思入梦情难尽，眷恋萦怀意未移。
岁月长河情不老，真心相伴永相依。
愿此诗能符合您的需求，展现出您所期望的那种刻骨铭心的爱情！

6.3.2 生成一个五天云南旅游方案

扫码看教学视频

在豆包App中，支持语音输入和输出，用户可以通过语音与豆包进行交互，进行旅游方案设计，这对不擅长打字的中老年用户来说尤为友好，用户可以根据自己的喜好和需求，设置豆包的回答方式（如语音、文字等）和声音类型，获得更加个性化的交互体验。

下面介绍使用豆包App生成一个五天云南旅游方案的操作方法。

步骤 01 在"豆包"界面中，点击上方的声音图标 🔇，使其呈打开状态 🔊，如图6-15所示。

步骤 02 点击下方的语音输入按钮 🎙️，切换至"按住说话"功能，如图6-16所示。

步骤 03 用手指按住"按住说话"按钮，然后语音输入相关指令，此时下方显示了语音的音波动态，如图6-17所示。

图 6-15 打开声音功能

图 6-16 切换至相应的功能

图 6-17 语音输入相关指令

步骤 04 语音输入完成后，释放手指，便可以得到豆包生成的旅游方案，相关指令和回复内容如下。

👤 提问

请为我生成一个详细的5天云南旅游方案，包括昆明、大理、丽江的必游景点、特色美食推荐及住宿建议。行程安排要合理，注重体验与文化探索。

👩 豆包

以下是一个5天的云南旅游方案，涵盖昆明、大理和丽江。
第一天：昆明
- 上午：抵达昆明，前往翠湖公园，欣赏美丽的湖景，感受昆明的悠闲氛围。

- 中午：在翠湖附近品尝昆明特色美食，如过桥米线。
- 下午：参观云南大学，感受校园的文化底蕴和历史建筑。
- 晚上：入住昆明市区的酒店，推荐昆明花之城豪生国际大酒店。

第二天：昆明—大理
- 上午：前往昆明滇池，可乘船游览，观赏湖光山色。
- 中午：品尝昆明的特色炒菜。
- 下午：乘坐动车前往大理，到达后前往大理古城，漫步古城，感受古朴的韵味。
- 晚上：在古城内用餐，推荐破酥粑粑、饵丝等。入住大理古城附近的客栈，如大理古城一号院。

第三天：大理
- 上午：租一辆电瓶车或自行车，骑行前往洱海，欣赏洱海的美景。
- 中午：在洱海边的餐馆品尝酸辣鱼等美食。
- 下午：前往喜洲古镇，欣赏白族建筑，体验白族文化。
- 晚上：品尝喜洲粑粑等特色小吃，返回大理古城住宿。
……
希望这个方案能让您在云南度过一个愉快的假期！

6.3.3 多语言编程助手快速生成代码

豆包熟悉多种编程语言，如Python、Java、C++等，可以根据用户的需求和具体场景，提供相应语言的代码。豆包还可以为用户提供丰富的代码示例，帮助用户更好地理解和参考，从而优化用户的需求表述或者直接从中获取灵感。除了提供代码，豆包还能对生成的代码进行详细的解释，让用户不仅知道代码怎么写，还明白为什么要这样写，有助于用户更好地掌握相关的编程知识和技巧。下面介绍使用豆包App快速生成代码的操作方法。

扫码看教学视频

步骤 01 打开"豆包"界面，在输入框中输入相应的指令，点击发送按钮⬆，便可以得到豆包编写的代码，相关指令和回复内容如下。

👤 提问

我要设计一个社交应用，需要你编写代码，来实现用户注册、登录、聊天、朋友圈发布等功能。

🤖 豆包

以下是一个使用Python的Flask框架来实现简单社交应用的部分核心功能的示例代码，请注意这只是一个基础的示例，实际的应用需要更复杂的逻辑和安全性处理。

```
from flask import Flask, render_template, redirect, url_for, request
from flask_sqlalchemy import SQLAlchemy
app = Flask(__name__)
app.config['SQLALCHEMY_DATABASE_URI'] ='sqlite:///social_app.db'
db = SQLAlchemy(app)
```

```
# 用户模型
class User(db.Model):
    id = db.Column(db.Integer, primary_key=True)
    username = db.Column(db.String(80), unique=True)
password = db.Column(db.String(255))
# 注册功能
……
```

步骤 02 如果用户想学习这段代码的编程方法，可以继续在输入框中输入相应的指令，点击发送按钮，便可以得到豆包对代码的详细解释，相关指令和回复内容如下。

👤 **提问**

请对生成的代码进行详细的解释，让我可以掌握编程的方法。

🧑 **豆包**

以下是对上述代码的详细解释。

from flask import Flask, render_template, redirect, url_for, request

from flask_sqlalchemy import SQLAlchemy

这部分代码导入了所需的模块。Flask是Flask框架的核心类，用于创建应用实例；render_template用于渲染模板文件；redirect和url_for用于重定向和生成URL；request用于获取请求中的数据；SQLAlchemy用于与数据库进行交互。

app = Flask(__name__)

app.config['SQLALCHEMY_DATABASE_URI'] ='sqlite:///social_app.db'

db = SQLAlchemy(app)

这里创建了一个Flask应用实例App，并配置了数据库连接的URI，指定使用SQLite数据库，并将其命名为social_app.db。然后创建了一个SQLAlchemy对象db与应用关联。

用户模型

class User(db.Model):

　　id = db.Column(db.Integer, primary_key=True)

　　username = db.Column(db.String(80), unique=True)

password = db.Column(db.String(255))

定义了一个User类，继承自db.Model，表示数据库中的用户表模型。id字段是整数类型的主键，username字段是长度为80的字符串且必须唯一，password字段是长度为255的字符串。

……

6.3.4　为小学 1～6 年级学生批改作业

扫码看教学视频

使用豆包App中的智能体，能够迅速处理大量作业，显著提高了作业的批改效率，使教师能够更快地获取学生的作业反馈。学生提交作业后，豆包能够即时给出批改结果和反馈，帮助学生及时了解自己的学习状况。对于口算题，豆包能够准确无误地进行批改，避免人为因素导致的批改错误，同时也减轻了教师的批改负担。

在豆包App中，有一个"口算批改"智能体，擅长批改1～6年级学生的口算题，只需用户拍照上传答题图片，豆包会立即帮忙批改，具体操作步骤如下。

步骤01 打开豆包App，点击界面底部的"发现"按钮，进入"发现"界面，点击上方的搜索框，如图6-18所示。

步骤02 输入需要搜索的内容"口算批改"，即可在下方显示搜索到的内容，选择第1个"口算批改"智能体，如图6-19所示。

步骤03 进入"口算批改"界面，点击界面右下角的加号按钮⊕，如图6-20所示。

图6-18 点击上方的输入框

图6-19 选择第1个智能体

图6-20 点击加号按钮

步骤04 弹出相应的面板，点击"相机"按钮，如图6-21所示。

步骤05 打开相机功能，进入拍照界面，拍照上传口算题作业，如图6-22所示。

步骤06 点击底部的确认按钮☑，确认上传操作，返回"口算批改"界面，即可得到豆包的批改结果，如图6-23所示。

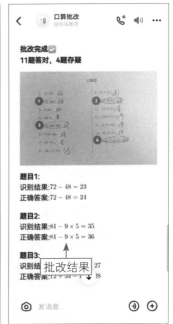

图 6-21　点击"相机"按钮　　　　图 6-22　拍照上传口算题　　　　图 6-23　得到批改结果

第 7 章

通义：提供高效智能的解决方案

通义是阿里巴巴集团研发的一款先进的人工智能工具，它基于超大规模的预训练语言模型，旨在为用户提供高效、智能的解决方案。它能够进行多轮对话，进行逻辑推理，理解多模态信息，并支持多种语言。本章将全面介绍通义的核心功能与操作页面，并对其常用功能与擅长的领域以案例的形式进行了分析。

7.1 全面介绍：通义的功能与页面讲解

通义于2023年4月开始邀请用户测试，并在同年9月13日正式向公众开放。随着产品的不断发展，通义千问在2024年5月更名为通义，寓意"通情，达义"，旨在成为用户在工作、学习、生活中的得力助手，包括网页Web平台、iOS及Android平台。本节主要介绍通义的核心功能，并对其操作页面的主要功能进行讲解，帮助用户更好地掌握通义的AI功能。

7.1.1 通义的核心功能介绍

扫码看教学视频

通义作为一个综合性的AI工具，能够理解和应对跨领域的各种问题，它集成了多项核心功能，旨在通过自然语言处理技术为用户提供全方位、高效的服务。下面以图解的方式介绍通义的7个核心功能，如图7-1所示。

智能问答与反馈	通义能准确理解和回答用户提出的各种问题，无论是生活常识、专业知识还是复杂的决策建议，它都能提供精准详尽的回答。其自然语言处理能力使交流过程接近真人对话，为用户提供实时且高质量的信息反馈
知识生成与创意辅助	基于用户给定的关键词或主题，通义能够生成相关高质量的文本内容，帮助用户激发创造力和创新能力。这对于写作、内容创作、学术研究等场景特别有价值
文档解析与摘要能力	通义的AI阅读助手支持单次处理高达100份文档，能够快速从海量信息中提取关键内容，进行跨文档的摘要和分析。这对于论文研读、文献综述、财报分析、数据整合等任务极为高效，能显著提升用户的工作或学习效率
多语言交互支持	通义支持多种语言的交互，打破了语言障碍，支持包括中、英、法、德、西、俄、日、韩、越、阿拉伯等多种语言，满足了全球不同用户群体的需求，增强了其国际化的应用范围
个性化服务与推荐	通义能够根据用户的偏好和历史交互，提供个性化的内容推荐和服务，使用户获得更加定制化的体验
SWOT分析与策略规划	在商业和战略规划领域，通义能够协助进行优势（Strengths）、劣势（Weaknesses）、机会（Opportunities）及威胁（Threats）分析，并提出相应的策略规划，为企业和个人提供决策支持
内容创作与营销辅助	通义可以根据商品名称自动生成商品描述文案，或者根据特定需求生成提纲、文章概要等，对内容创作者和市场营销人员来说，这是一个强大的辅助工具

图 7-1

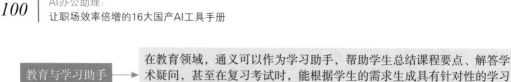

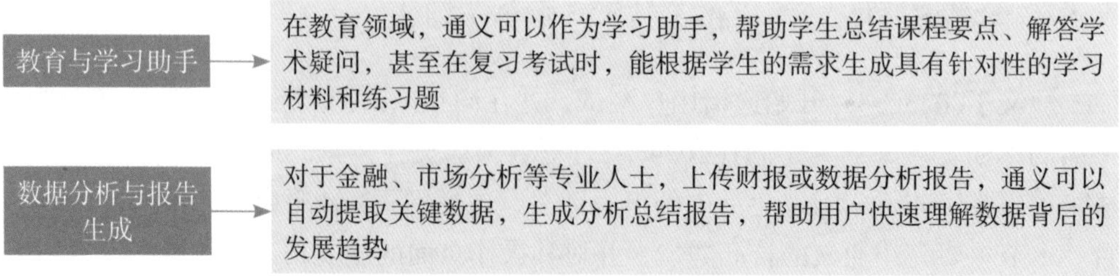

教育与学习助手
在教育领域，通义可以作为学习助手，帮助学生总结课程要点、解答学术疑问，甚至在复习考试时，能根据学生的需求生成具有针对性的学习材料和练习题
数据分析与报告生成
对于金融、市场分析等专业人士，上传财报或数据分析报告，通义可以自动提取关键数据，生成分析总结报告，帮助用户快速理解数据背后的发展趋势

图 7-1　通义的 9 个核心功能

7.1.2　通义页面中的功能讲解

扫码看教学视频

通义的操作页面设计简洁、直观，旨在让用户轻松上手并高效地与AI模型进行交互。用户可以通过访问通义的官方网站或者下载通义App进入其操作界面。图7-2所示为通义的官方网站和各主要功能区。

通义
+ 新建对话
❶ 新建对话
当天
请生成一段关于互联网企业的
❷ 历史记录
对话
❸ 效率
效率
❹ 智能体
智能体
你好，我是通义
❻ 示例区
通情，达义。你的全能AI助手
换一批
AI搜索
通义千问2.5有哪些升级
最新Qwen 2成全球开源大模型第一名
2024欧洲杯决赛赛况
巴黎奥运会增设4个项目
雷军将重回小米手机发布会
短视频评论助手
水墨长城
Matlab大师
❺ 上传
❼ 输入框
输入"/"唤起指令中心，Shift+Enter换行，支持拖拽或粘贴上传文件
管理对话记录

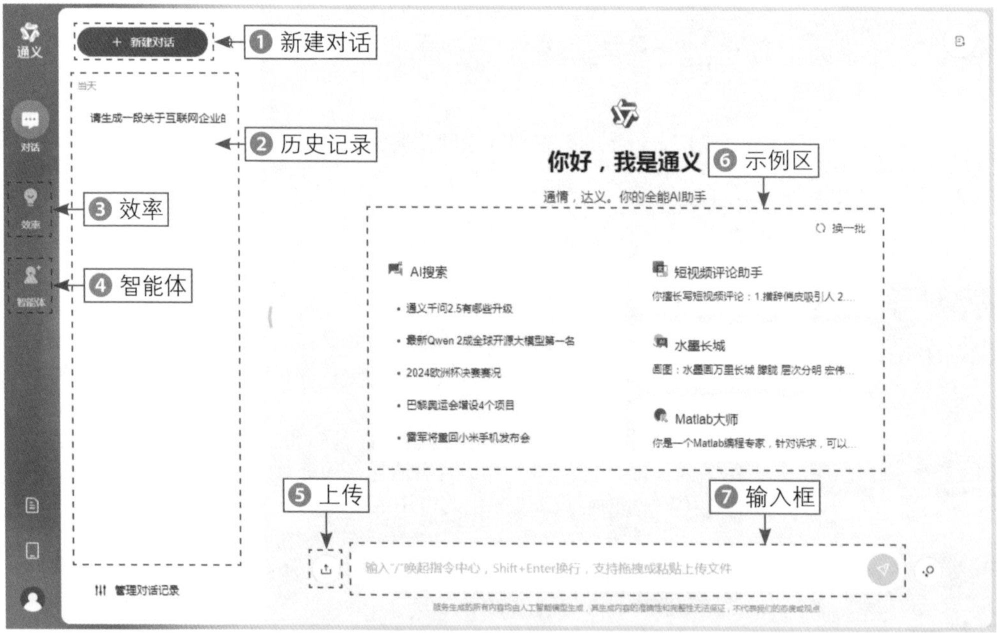

图 7-2　通义页面

下面对通义页面中主要区域的功能进行相关讲解。

❶ 新建对话：单击该按钮，系统会清空当前的对话，为用户开启一个空白的、全新的对话环境。在新对话中，用户可以提出任何问题、请求帮助或开展新的讨论话题。

❷ 历史记录：该列表主要方便用户回顾和管理以往的对话记录，用户无须重新

输入问题，就能查看之前的答案或继续之前的讨论。

❸ 效率：单击该按钮，将打开"工具箱"页面，其中包括听课开会、办公提效及学习等工具，可以帮助用户提升办公或学习效率。

❹ 智能体：单击该按钮，将打开"发现智能体"页面，在其中可以搜索各种智能体，从创意文案生成到专业领域咨询，智能体能够覆盖广泛的应用场景，为用户提供从工作到生活的多方面支持。

❺ 上传🔗：单击该按钮，可以上传文档或图片到通义中，包括但不限于PDF、Word、Excel、Markdown、EPUB、Mobi、TXT和PNG等格式，以便通义对这些文档中的内容进行分析。

❻ 示例区：新用户可以通过浏览示例快速了解如何有效地与通义互动，学习提问的技巧，掌握如何构造问题以获得最佳答案。通过展示不同场景下的问题和回答示例，帮助用户更好地理解通义的能力，激发用户提出问题的灵感，发现更多使用场景。

❼ 输入框：用户可以在输入框中输入文字，向通义提出问题、请求帮助、发起对话或下达指令。无论是寻求信息、创作内容、解决数学问题、编写代码、进行翻译，还是其他多样的任务，都可以通过这个输入框实现。

7.2　常用功能：智能问答、搭建课程、SWOT分析

通义具备出色的文案创作能力，可以快速、灵活、高效地生成各种文案内容，包括智能问答、打造选题库、搭建课程，以及进行SWOT分析等，本节将进行相关讲解。

7.2.1　寻问医疗健康专业知识

扫码看教学视频

通义作为阿里巴巴推出的大语言模型工具，其知识库涵盖了医疗领域的多个方面，包括但不限于疾病预防、诊断、治疗、康复等全流程的智能化诊疗知识。通义能够整合多种医学检验检测模态能力，实现对医疗专业知识的深入理解和应用。

在医疗领域，通义可以实现医疗问答功能，为用户提供专业的医疗咨询和解答，成为用户在寻求医疗健康专业知识时的一个有力工具。用户只需在"通义"页面的输入框中，输入相应的指令，单击发送按钮◉，即可得到通义回复的医疗专业知识，相关案例如下。

👤 提问

针对心血管疾病，有哪些有效的预防措施可以推荐给大众？

通义

针对心血管疾病的预防，可以向大众推荐以下一系列有效措施。

1.健康饮食：

增加膳食纤维的摄入，食用粗杂粮、蔬菜、水果等。

多吃鱼类和富含ω-3脂肪酸的鱼油，有助于预防动脉硬化。

增加豆制品的摄入，其丰富的磷脂有益于心血管健康。

控制脂肪和胆固醇的摄入，每日脂肪摄入不超过总热量的20%～25%，胆固醇摄入不高于300毫克。

限制食盐摄入，每日不超过6克，以降低血压。

2.适量运动：

每天至少进行1小时的中等强度的运动，如快步走、游泳或骑自行车。

运动时保持心率适中，一般不超过（220-年龄）次/分钟的70%～85%。

定期进行，每周至少5天。

3.戒烟限酒：

完全戒烟，避免任何形式的烟草制品。

限制酒精摄入，男性不超过25克/天，女性不超过15克/天。

4.体重管理：

要保持理想的体重，将BMI控制在18.5～24范围内，超重或肥胖者需减重。

……

通过综合应用上述措施，大众可以显著降低心血管疾病的风险，提高生活质量。重要的是，这些预防措施应当成为日常生活的一部分，并持之以恒。

7.2.2 打造一个媒体文章选题库

扫码看教学视频

通义拥有强大的自然语言处理能力，使它能够深入理解和分析大量媒体内容，从而提炼出有价值的选题。通义基于海量的数据训练而成，具备深厚的知识储备，涵盖科技、文化、历史、生活等多个领域，这意味着它能够提供多样化的选题建议，满足不同媒体的需求和读者的兴趣。与传统方法相比，通义能够实时生成针对性强、内容精练的选题建议，这极大地提高了选题工作的效率，使媒体能够更快地响应热点事件和读者需求，相关案例如下。

👤 提问

请分析当前黄金的最新趋势，并提出5个值得深入探讨的选题。

通义

当前黄金的最新趋势显示，黄金价格持续走强并屡破历史新高。近期，黄金价格在市场情绪、宏观经济因素及地缘政治紧张局势的影响下保持上涨态势。美元指数的波动、美国通胀数据的高位运行，以及全球央行政策特别是美联储的动向，都是影响黄金价格的关键因素。市场参与者密切关注经济数据发布和政策会议结果，以寻找有关未来利率路径和全球经济状况的线索，这直接影响了黄金作为避险资产的需求。

基于以上背景，以下是5个值得深入探讨的选题。

1. 黄金价格与全球货币政策的关系研究：分析不同国家央行的货币政策（如利率调整、QE等）如何影响黄金价格，特别是在当前高通胀的环境下，美联储及其他主要央行的政策变化对黄金市场的影响机制。

2. 地缘政治风险对黄金避险需求的动态影响：探讨地缘政治冲突、贸易争端等事件如何在短期内及长期内影响黄金作为避险资产的地位，以及这种影响的可持续性。

3. 数字货币崛起对黄金市场的影响分析：研究比特币等数字货币作为新兴价值储存手段，是否对传统避险资产黄金构成竞争，以及两者之间资金流动的相互关系。

4. 黄金市场结构变化与交易模式创新：分析黄金市场的流动性、参与主体结构变化（如零售投资者、机构投资者比例），以及区块链技术在黄金交易、追踪和确权等方面的应用前景。

5. 气候变化与ESG投资趋势对黄金行业的影响：考察环境、社会与治理（ESG）投资原则对黄金开采业的长远影响，包括绿色矿业实践的推广、投资者偏好变化对黄金需求的重新评估。

这些选题不仅关注黄金市场的即时动态，也深入到影响其长期发展的宏观趋势和结构性因素，为理解黄金市场的复杂性提供了多元视角。

7.2.3 高效备课搭建课程框架

通义基于强大的自然语言处理能力和广泛的知识储备，能够为教师提供新颖的教学思路和方法，促进教学创新；能够根据教师的需求精准检索相关信息，节省教师在海量信息中筛选和查找的时间。在获取到相关信息后，通义还能帮助教师智能整合这些信息，形成条理清晰、逻辑连贯的课程框架和内容，从而更好地服务于备课和教学领域，相关案例如下。

扫码看教学视频

 提问

构建钢琴课程框架：含课程目标（技能提升、乐理知识）、课程结构（基础指法、曲目练习、乐理讲解）、每周教学计划、评估方式（演奏考核、乐理测试），注重理论与实践结合，适应不同水平的学员。

通义

一、课程目标
技能提升：
·掌握正确的坐姿与手型，建立良好的基本功。
·提高键盘操作的灵活性与准确性，包括独立控制每个手指的能力。
·发展音乐表达能力，包括节奏感、音色控制和动态变化。
·增强视谱能力，快速准确地读谱与即兴演奏。

乐理知识：
· 学习基础乐理，如音符、节奏、音阶、和弦等。
· 理解音乐结构，如旋律、和声与曲式。
· 掌握音乐记号与术语，提高音乐解读能力。
· 培养音乐听觉训练，提高音准与和声辨别能力。
二、课程结构
首先是基础指法与技巧训练。
第1~2周：基本坐姿、手型练习、五指位置练习。
第3~4周：音阶、琶音基础练习，增强手指的独立性。
第5~6周：八度、跳音、连奏与断奏技巧。
其次是曲目练习。
初级：简单儿歌改编曲、经典初级曲目（如巴赫初级钢琴曲集）。
中级：古典小品、民谣改编、简单流行曲目。
高级：古典奏鸣曲、协奏曲片段、复杂现代作品。
……
通过上述课程框架的设计，确保理论知识与实际演奏技能相结合，同时适应不同起点和进度的学员，促进其在钢琴学习上的全面发展。

★ 专家提醒 ★

通义的知识库是动态的，能够实时更新，确保提供的信息是最新的，这对于涉及时事热点、科技发展等快速变化领域的课程尤为重要。

7.2.4　对电子产品进行 SWOT 分析

扫码看教学视频

通义能够针对电子产品的优势（Strengths）、劣势（Weaknesses）、机会（Opportunities）和威胁（Threats）进行全面且深入的分析，它不仅能够指出产品的明显优势和劣势，还能洞察到潜在的市场机会和威胁。通义具备了跨领域的知识和语言理解能力，使它能够从多个角度对电子产品进行综合分析，提供更加全面和客观的SWOT分析报告，相关案例如下。

 提问

请对以下描述的智能戒指产品进行SWOT分析。
产品概述： 智能戒指内置心电图传感器和血流量感应器，能够从活动、睡眠、营养和压力等4个方面监测用户的健康数据。通过集成的AI功能，该产品能够连接用户的智能冰箱，获取用户近期的饮食方案，并基于这些数据通过AI算法计算出用户可能缺乏的营养元素，从而为用户提供个性化的健康饮食建议。

通义

优势
1. 全面健康监测：集成了心电图传感器和血流量感应器，实现多维度健康数据监测，提高了健康管理的精准度。

2. AI驱动的个性化建议：利用AI算法分析用户数据，提供具有针对性的饮食建议，增强了产品的互动性和实用性。

3. 智能家居互联：与智能冰箱等家居设备的联动，展现了智能家居生态的整合能力，提升了用户体验的连贯性。

劣势

1. 技术复杂性与成本：高端传感器与AI技术的集成可能会增加产品成本，影响市场普及率和竞争力。

2. 用户隐私风险：收集和分析个人健康及饮食数据可能引发用户对隐私泄露的担忧，需要强大的数据保护措施。

3. 依赖其他智能设备：与智能冰箱的连接虽然增加了便利性，但也限制了产品的独立使用场景，可能影响无智能家居环境的用户。

机会

1. 健康意识提高：随着人们健康意识的普遍提高，对健康管理设备的需求日益增长，市场潜力大。

2. 技术进步：传感器技术与AI算法的不断进步，将使得监测更加准确，建议更个性化，提升产品价值。

3. 跨界合作机会：可与健康食品供应商、健身房、保险公司等合作，拓宽服务范围和盈利模式。

威胁

1. 竞争加剧：市场上同类智能穿戴设备增多，竞争激烈，需要不断创新以保持差异化优势。

2. 法规限制：健康数据处理面临严格的法规监管，合规成本高且法规变化可能影响产品设计和运营。

3. 消费者接受度：用户对新技术的接受程度不一，教育市场和建立品牌信任是挑战。

7.3 擅长领域：爆款标题、电商文案、就业指导

通义不仅具备强大的自然语言处理能力，还融入了多模态的知识理解和广泛的应用场景，基于海量的数据训练而成，能够覆盖教育、文化、历史、生活等各类主题，无论问题多么复杂或独特，它都能给出准确的答案。本节主要介绍使用通义App进行智能办公的方法。

7.3.1 一键生成爆款文章标题

标题文案作为一篇文章或一个视频的"门面"，起到给受众留下第一印象的作用，因此创作者们在撰写文案和创作短视频时会格外重视标题文案的撰写，致力于打造出爆款标题文案。打造爆款标题文案可以掌握一定的技巧，运用通义则可以快速实现。

扫码看教学视频

用户在编写指令的时候，可以提供一些案例模板，让AI参考这些案例生成类似的标题风格，相关案例如下。

提问

对于"女生穿搭"栏目的文章，我需要一些能吸引人的标题，体现数字，具有视觉冲击力，例如：

1. 10种夏季穿搭技巧，让你成为街头最靓的仔！
2. 5大时尚趋势，2024年你不能错过！
3. 7个穿搭误区，女生必须避免！

通义

当然，结合当前的流行趋势与数字元素，以下是一些能够吸引目标读者注意力的标题建议，旨在提升"女生穿搭"栏目的吸引力和阅读量。

1. "2024夏日必备！12款清爽穿搭，让你时尚度飙升99%！"
2. "解锁3大色彩搭配法则，让你的衣橱焕发8倍光彩！"
3. "10+1潮流单品混搭术，轻松打造百变造型！"
4. "从头到脚焕新！5步改造，让你的风格提升7级！"
5. "不只是数字游戏！6种身材类型的终极穿搭解决方案！"
6. "一周7天，21套不重样上班装，每天都是新面貌！"
7. "3分钟学会！8个快速出门穿搭秘籍，告别早晨慌乱！"
8. "超越季节界限！4季通用的10件经典单品推荐！"
9. "小预算大变身！用这9个技巧，将旧衣穿出新时尚！"
10. "数字背后的秘密！揭秘影响穿搭的5大数据指标！"

这些标题不仅融入了数字以增强视觉效果，同时也涵盖了实用性、趋势导向及解决问题的角度，能有效激发读者的好奇心与阅读兴趣。

7.3.2　一键生成电商主图文案

扫码看教学视频

在电商领域，主图文案能够用于凸显产品的亮点和优势，从而激发消费者的购买欲望。撰写主图文案需要分析产品的特点、受众的需求、市场趋势等多方面的因素，同时还需要一定的网感和文字功底。此时，用户使用通义App便可以借助AI的力量快速获得电商主图文案，提高工作效率，相关案例如下。

提问

请结合连衣裙的受众需求和产品亮点，撰写连衣裙的电商主图文案，要求语言精简、亮点突出。

通义

【轻盈翩翩，尽显女神范】春夏新款连衣裙优雅上新。

【透气面料】——甄选高端雪纺，轻柔亲肤，夏日穿着透气、不黏身。

【灵动设计】——流畅剪裁，荷叶边袖与不规则裙摆，每一步都摇曳生姿。

【多彩选择】——多款色彩可选，从清新马卡龙到经典黑白，满足不同场合的需求。

【修身显瘦】——3D立体剪裁，巧妙隐藏小赘肉，展现曼妙身姿。

【细节之美】——精致刺绣或珠片装饰，细节之处彰显非凡品质。

【首单特惠】——新用户专享，首件8折优惠，美丽不等待。

让这款连衣裙成为你衣橱里的秘密武器，无论是浪漫约会还是休闲出游，都能让你成为焦点。立即选购，绽放你的独有魅力！

7.3.3　为学生提供就业方向指导

通义能够提供广泛的就业方向信息，包括不同行业的职业介绍、发展前景、所需技能等。同时，通义的知识库是实时更新的，能够确保提供的信息是最新的，有助于学生了解最新的就业趋势和市场需求。通义还能根据学生的具体情况给出职业规划建议，它可以分析不同职业的发展路径、晋升渠道、薪资水平等因素，帮助学生制定合理的职业规划，相关案例如下。

扫码看教学视频

🧑 提问

请分析行政管理专业毕业生在政府机构中的就业机会，包括公务员职位（如办公室科员、政策法规处科员等），并解释这些职位的主要职责和晋升路径。

🔷 通义

行政管理专业的毕业生在政府机构中拥有广阔的就业机会，特别是在公务员系统内。该专业培养的学生具备良好的组织管理、政策分析、沟通协调及行政事务处理能力，这些技能恰好与政府机构运行的需求高度匹配。以下是一些典型的公务员职位及其主要职责和晋升路径分析。

1. 办公室科员

主要职责：负责日常办公事务的处理，包括文件收发、档案管理、会议安排、信息记录与传达等。还需要协助上级完成各类报告撰写、数据整理和简单的行政决策支持工作。

晋升路径：可以从科员逐步晋升到副科长、科长，乃至更高层级的管理岗位，如处长、局长等。晋升过程中通常需要结合工作表现、考核评价及通过相应的公务员选拔考试。

2. 办公室文秘

主要职责：专注于文书工作，包括起草、校对、编辑各类公文、报告和信函；安排领导的日程，参与会议筹备与记录；维护良好的内外沟通渠道。

晋升路径：可晋升为高级文秘、办公室主任等，进一步可能转为行政管理岗位或通过内部竞聘进入更高级别的管理岗位。

3. 办公室综合管理

主要职责：统筹办公室的日常运作，包括人力资源管理、财务预算控制、物资采购与分配、办公环境维护等。

……

在政府机构中，晋升通常与个人工作表现、学历背景、专业技能、领导力及是否通过公务员晋升考试紧密相关。行政管理专业毕业生在掌握扎实理论基础的同时，应注重实践能力的提升，并积极参加各类培训和考试，以增强自身的竞争力，拓宽职业发展的道路。此外，持续关注政策动态，提升政策分析和问题解决能力，也是在政府机构中获得更好职业发展的重要因素。

7.3.4 设计开业优惠活动策划方案

扫码看教学视频

通义设计的开业优惠活动策划方案，不仅适用于线上活动，也适用于线下活动，它可以结合线上线下的优势，给出综合性的活动方案，帮助商家实现全渠道营销。通义在设计开业优惠活动策划方案方面，展现出了强大的自然语言处理能力、高效的方案设计能力、个性化定制服务及多场景应用等优势，这些优势使得通义成了商家设计开业优惠活动策划方案的得力助手，相关案例如下。

🙎 提问

请为一家新开的蛋糕店设计一套开业优惠活动方案，包括限时折扣、买赠活动、社交媒体互动赢奖品等，旨在吸引顾客首次光顾并促进口碑传播，同时确保活动具有吸引力和可执行性。

通义

为了帮助这家新开的蛋糕店成功开业并吸引大量顾客，以下是一套综合性的开业优惠活动方案，旨在通过多重互动的方式提升品牌知名度，鼓励首次消费，并促进口碑传播。

1. 开业大促——限时折扣

活动名称："甜蜜启航"首周特惠。

活动内容：在开业后的第一周内，所有蛋糕及甜品享受8折优惠。特别推荐几款招牌蛋糕，提供更诱人的7折优惠，每日限量供应，营造稀缺感。

宣传口号："与我们共享甜蜜时光，首周特惠不容错过！"

2. 买赠活动

活动名称："甜蜜加倍"买赠礼。

活动细节：

· 购买任意一款蛋糕，即可获赠店内特色小甜点一份，如马卡龙或手工巧克力。

· 消费满额（例如，满200元）赠送下次消费的抵用券，价值50元，有效期一个月，鼓励回头客。

宣传语："一份甜蜜，双份惊喜，您的幸福我们加码！"

3. 社交媒体互动赢奖品

活动名称："晒甜蜜，赢大奖"。

……

第 8 章

智谱清言：深度分析与洞察的智者

　　智谱清言是北京智谱华章科技有限公司推出的生成式 AI 助手，它为人们的工作、学习和日常生活提供了广泛的支持和帮助。智谱清言不仅具备通用问答、多轮对话、创意写作、代码生成及虚拟对话等丰富能力，未来还将开放多模态等生成能力。本章将全面介绍智谱清言的核心功能与操作页面，并对其常用功能与擅长的领域以案例的形式进行了分析。

8.1 全面介绍：智谱清言的功能与页面讲解

智谱清言基于智谱AI自主研发的中英双语对话模型ChatGLM2，该模型经过万亿字符的文本与代码预训练，采用有监督微调技术，为用户提供智能化服务。本节主要介绍智谱清言的核心功能，并对其操作页面的主要功能进行了讲解。随着技术的不断发展和完善，相信智谱清言将会为用户带来更加便捷、高效、智能的服务体验。

8.1.1 智谱清言的核心功能介绍

智谱清言采用自然语言处理（Natural Language Processing，NLP）技术和深度学习算法，通过大数据训练和知识检索与推理来实现其功能。其模型由清华大学KEG实验室和智谱AI公司共同训练，拥有千亿级别的参数量规模，被誉为"中国版ChatGPT"。

扫码看教学视频

下面以图解的方式介绍智谱清言的5个核心功能，如图8-1所示。

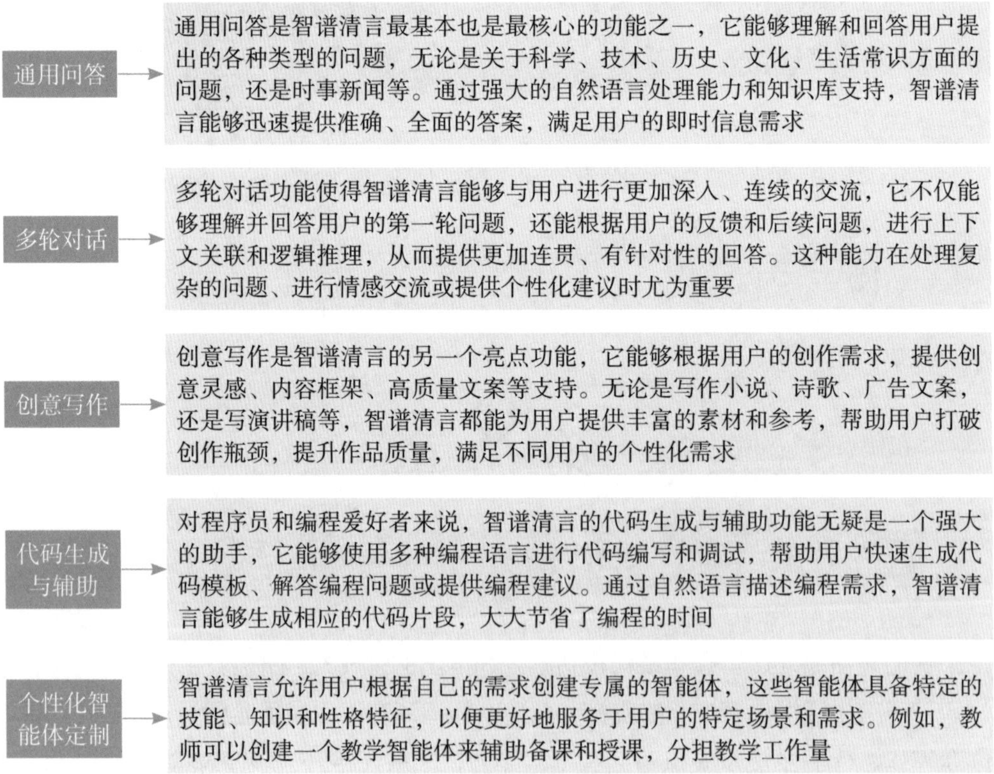

通用问答	通用问答是智谱清言最基本也是最核心的功能之一，它能够理解和回答用户提出的各种类型的问题，无论是关于科学、技术、历史、文化、生活常识方面的问题，还是时事新闻等。通过强大的自然语言处理能力和知识库支持，智谱清言能够迅速提供准确、全面的答案，满足用户的即时信息需求
多轮对话	多轮对话功能使得智谱清言能够与用户进行更加深入、连续的交流，它不仅能够理解并回答用户的第一轮问题，还能根据用户的反馈和后续问题，进行上下文关联和逻辑推理，从而提供更加连贯、有针对性的回答。这种能力在处理复杂的问题、进行情感交流或提供个性化建议时尤为重要
创意写作	创意写作是智谱清言的另一个亮点功能，它能够根据用户的创作需求，提供创意灵感、内容框架、高质量文案等支持。无论是写作小说、诗歌、广告文案，还是写演讲稿等，智谱清言都能为用户提供丰富的素材和参考，帮助用户打破创作瓶颈，提升作品质量，满足不同用户的个性化需求
代码生成与辅助	对程序员和编程爱好者来说，智谱清言的代码生成与辅助功能无疑是一个强大的助手，它能够使用多种编程语言进行代码编写和调试，帮助用户快速生成代码模板、解答编程问题或提供编程建议。通过自然语言描述编程需求，智谱清言能够生成相应的代码片段，大大节省了编程的时间
个性化智能体定制	智谱清言允许用户根据自己的需求创建专属的智能体，这些智能体具备特定的技能、知识和性格特征，以便更好地服务于用户的特定场景和需求。例如，教师可以创建一个教学智能体来辅助备课和授课，分担教学工作量

图 8-1　智谱清言的 5 个核心功能

扫码看教学视频

8.1.2　智谱清言页面的功能讲解

　　智谱清言的官方网页首先会提供简洁明了的注册与登录窗口，用户需要填写必要的信息（手机号、验证码等）完成注册与登录，之后才可以进入智谱清言的操作页面。页面设计简洁、直观，便于用户快速上手，操作页面中展示了智谱清言的一些常用功能、推荐内容和个性化设置选项，其页面如图8-2所示。

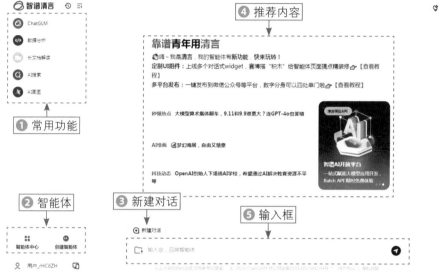

图 8-2　智谱清言页面

　　下面对智谱清言页面中的主要功能进行相关讲解。

　　❶ 常用功能：智谱清言作为一个集成多种人工智能服务的平台，其左侧的导航栏中包含平台的常用功能，下面进行简单讲解。

　　· ChatGLM：该功能是智谱清言的核心功能之一，提供基于自然语言处理技术的智能对话服务。用户可以通过文字输入与AI进行交流，获取信息、解答疑问、学习新知识等。

　　· 数据分析：该功能允许用户上传数据集，利用人工智能算法进行数据处理和分析，生成图表和报告，帮助用户洞察数据背后的信息。

　　· 长文档解读：该功能可以帮助用户快速理解长篇文档的核心内容，用户上传文档后，AI会对文档进行摘要，提取关键信息。

　　· AI搜索：该功能利用人工智能技术搜索并优化结果，旨在为用户提供更准确、更符合需求的搜索服务。

　　· AI画图：该功能允许用户通过文字描述生成图片，创作出相应的视觉图像，支持多种绘画风格和图像类型，用户可以自定义创作艺术作品、设计图案、生成场景等。

❷ 智能体：在智谱清言页面的下方，"智能体中心"和"创建智能体"这两个
按钮是平台提供的与智能体相关的功能入口，下面进行简单讲解。

·智能体中心：在这里用户可以看到自己所有的智能体列表，包括每个智能体
的名称、创建时间、状态等信息，还可以在其中搜索相应的智能体，如图8-3所示。

·创建智能体：用户将进入智能体创建流程，可以根据自己的需求定制智能
体，包括为智能体命名、选择智能体类型、配置智能体的功能模块和参数等步骤，
如图8-4所示。

图 8-3 "智能体中心"页面

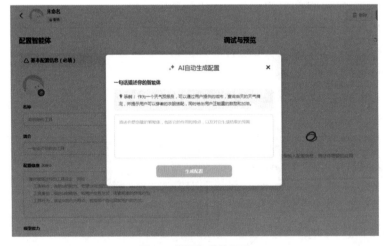

图 8-4 配置智能体页面

❸ 新建对话：单击该按钮，用户可以开始一个全新的对话，这对想要与AI进行
不同的话题讨论或者需要针对不同的问题获取解答的用户来说非常方便。

❹ 推荐内容：该区域可以帮助新用户快速了解平台的功能和特色，指导他们使用智谱清言进行有效的互动和信息检索。推荐系统会根据用户的历史行为和偏好来展示内容，提供个性化的推荐，这有助于用户快速地找到他们感兴趣的信息。

❺ 输入框：输入框允许用户发起与AI的对话。用户输入文本后，AI会根据输入的内容提供相应的回答或服务。用户可以在输入框中输入想要查询的信息或提出问题，这是与智谱清言平台的AI进行互动的主要方式之一。

8.2　常用功能：数据分析、长文档解读、AI搜索

在智谱清言页面的左侧，显示了一些常用的AI功能，如数据分析、长文档解读、AI搜索及AI画图等。本节将针对智谱清言中的这些常用功能进行相关讲解，帮助大家更好地掌握智谱清言的实际应用。

8.2.1　为未来7天的天气生成折线图

扫码看教学视频

智谱清言能够整合多个天气数据源，提供准确、全面的天气信息，这为用户制作折线图提供了必要的数据基础。用户通过与智谱清言对话，获取未来7天的天气数据，并请求其对数据进行解析和整理，以便后续绘图使用。下面介绍在智谱清言页面中运用"数据分析"功能为长沙未来7天的天气生成折线图的操作方法。

步骤 **01** 在智谱清言首页的左侧，选择"数据分析"选项，进入"数据分析"页面，如图8-5所示。

图 8-5　进入"数据分析"页面

步骤 02 在下方的输入框中,输入相应的指令,单击发送按钮 ◢,便可以得到智谱清言生成的天气数据与折线图,相关指令和回复内容如下。

👤 **提问**

获取长沙未来7天的天气数据,进行相关分析,并制作折线图。

◎ **智谱清言**

根据中国天气网的数据,长沙未来7天的天气预报如下。
· 19日(今天):晴,最高气温36℃,最低气温28℃,风力<3级。
· 20日(明天):晴,最高气温37℃,最低气温28℃,风力<3级。
· 21日(后天):晴,最高气温37℃,最低气温29℃,风力<3级。
· 22日(周一):晴,最高气温38℃,最低气温29℃,风力<3级。
· 23日(周二):晴,最高气温39℃,最低气温29℃,风力<3级。
· 24日(周三):多云,最高气温39℃,最低气温30℃,风力<3级。
· 25日(周四):多云,最高气温39℃,最低气温31℃,风力<3级。
现在,我将使用这些数据来制作一张折线图,展示未来7天长沙最高气温和最低气温的变化趋势,如图8-6所示。

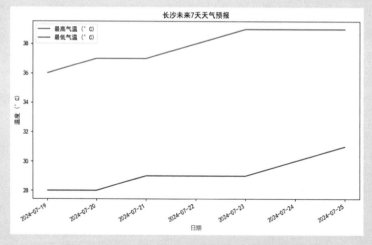

图 8-6 未来 7 天长沙最高气温和最低气温的变化趋势

这是长沙未来7天的天气预报折线图,展示了最高气温和最低气温的变化趋势。从图中可以看出,未来几天长沙的气温将持续升高,最高气温接近39℃,而最低气温则在28℃到31℃范围内变化。请注意保持适当的防晒和水分补充,以应对高温天气。

8.2.2 将学术文章内容翻译为英文

智谱清言基于千亿级别的语料库进行训练,这使得它能够深入理解各种语言现象,包括学术文章中的专业术语、复杂句式和逻辑结构。针对学术文章的特点,智谱清言在翻译过程中能够保留原文的学术风格和严谨性,确

扫码看教学视频

保翻译结果符合学术规范。使用智谱清言能够生成高质量、流畅自然的英文译文，帮助读者更好地理解原文内容。

下面介绍使用"长文档解读"功能将学术文章内容翻译为英文的操作方法。

步骤01 在智谱清言首页的左侧，选择"长文档解读"选项，进入"文档解读助手"页面，单击下方的上传按钮，如图8-7所示。

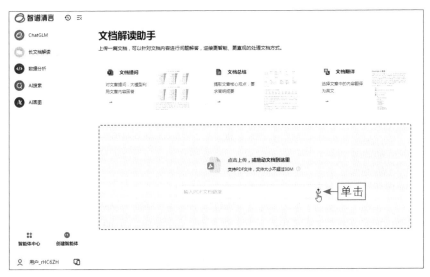

图 8-7 单击下方的上传按钮

步骤02 弹出"打开"对话框，在其中选择一篇学术文章，单击"打开"按钮，即可上传学术文章，并显示在页面中，如图8-8所示。

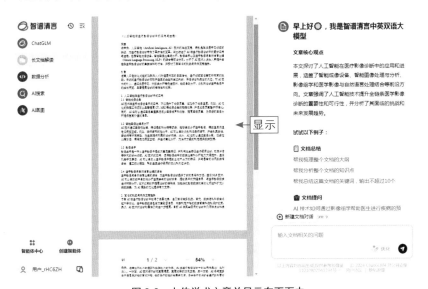

图 8-8 上传学术文章并显示在页面中

步骤 03 在右下方的输入框中，输入相应的指令，单击发送按钮 ⏺，便可以得到智谱清言翻译的英文内容，相关指令和回复内容如下。

 提问

请将文档内容翻译为英文。

智谱清言

The rapid development of artificial intelligence (AI) technology, particularly breakthroughs in deep learning, has revolutionized medical imaging diagnosis. This article reviews the latest applications and advancements of AI in medical imaging diagnosis, including intelligent imaging devices, intelligent image processing and analysis, radiomics, and the integration of medical imaging and natural language processing (NLP). It analyzes the importance and feasibility of AI technology improving the entire medical imaging diagnosis chain from the source and discusses the challenges and future development trends it faces.

Introduction

With the aging population and the growing demand for healthcare, the medical field faces unprecedented challenges. Traditional medical imaging diagnosis relies on doctors' experience and subjective judgment, which carries the risk of misdiagnosis and missed diagnosis. The introduction of AI technology, through advanced technologies such as deep learning and big data analysis, can automatically analyze, identify, and diagnose subtle lesions in medical images, significantly improving the accuracy and efficiency of diagnosis.

1. Applications of AI in Medical Imaging Diagnosis

1.1 Intelligent Imaging Devices

The application of AI technology in medical imaging devices not only improves imaging quality but also speeds up imaging processes. For example, AI-optimized scanning workflows can significantly improve the scanning efficiency of imaging devices such as CT and MRI, and standardize imaging quality. At the same time, AI can reduce image noise and artifacts through image reconstruction algorithms, improve image quality, and provide more valuable information for subsequent image analysis.

……

★ 专家提醒 ★

在实际应用中，智谱清言已经成功完成了多篇学术文章的翻译工作，并获得了用户的好评。用户反馈表明，智谱清言在翻译学术文章时能够准确传达原文的意思，同时保持译文的流畅性和可读性。

8.2.3 AI 精准搜索最新的外贸政策

智谱清言能够准确理解用户输入的查询意图，并生成高质量的回答。智谱清言在搜索和整理外贸政策信息时，会优先参考政府官网、权

扫码看教学视频

威机构发布的信息，以确保信息的权威性和可靠性，能够迅速从庞大的数据集中筛选出与用户问题最相关的外贸政策信息。

另外，智谱清言可以生成详细的政策解读、政策对比、政策影响分析等多种形式的文本内容，以满足不同用户的需求。下面介绍使用"AI搜索"功能搜索最新外贸政策的方法。

步骤01 在智谱清言首页的左侧，选择"AI搜索"选项，进入"AI搜索"页面，如图8-9所示。

图 8-9 进入"AI 搜索"页面

步骤02 在下方的输入框中，输入相应的指令，单击发送按钮，便可以得到智谱清言精准搜索的最新外贸政策信息，相关指令和回复内容如下。

A 提问

搜索2024年7月最新国内外贸政策，重点关注出口管制、关税调整及自由贸易协定生效情况，并列出具体政策内容。

智谱清言

2024年7月，国内外贸政策出现了一些重要变化和更新。

1. 出口管制：自7月1日起，对部分航空航天、船舶领域的特定模具等装备及软件、技术，以及超高分子量聚乙烯纤维相关物项实施出口管制。

2. 物质进出口禁令：46种物质被禁止进出口。

3. 自由贸易协定关税减让：自2024年7月1日起，中国对塞尔维亚实施自由贸易协定关税减让。

4. 国际关税调整：

- 土耳其决定对进口自中国的汽车征收40%的额外关税。
- 欧盟拟对进口中国电动汽车征收临时反补贴税。
- 欧盟SVHC总数增至241项，1项新物质被加入到高度关注物质清单。

5. 出口标准执行：出口到埃及的玩具、笔记本、纸张、太阳镜、家具和儿童护理用品需执行强制标准。

6. 签证政策调整：
- 中沙ADS签证自7月1日起正式生效。
- 延长对马来西亚公民免签政策至2025年底。
- 自7月1日起对新西兰、澳大利亚、波兰三国试行免签政策。

7. 其他国家政策：
……

8.2.4 根据电商广告进行 AI 绘画创作

扫码看教学视频

智谱清言支持多种绘画风格，包括写实、抽象、卡通、水彩等，能够满足电商广告中多样化的视觉需求。用户可以根据电商广告的具体需求，调整绘画作品的颜色、构图、元素等，实现个性化定制，使AI绘画作品更加符合品牌形象和广告主题。与传统手工绘画相比，使用智谱清言能够迅速生成符合要求的绘画作品，大大提高了创作效率，降低了人力成本。

下面介绍使用"AI绘画"功能根据电商广告进行AI绘画创作的操作方法。

步骤01 在智谱清言首页的左侧，选择"AI画图"选项，进入"AI画图"页面，如图8-10所示。

图 8-10 进入"AI 画图"页面

步骤02 在下方的输入框中，输入相应的指令，单击发送按钮，便可以得到智谱清言创作的AI绘画作品，如图8-11所示。

图 8-11　智谱清言创作的 AI 绘画作品

8.3　擅长领域：岗位面试、招聘启事、周报总结

智谱清言作为一款AI大模型，其应用场景非常广泛。在岗位面试方面，招聘人员可以利用智谱清言设计面试问题，确保问题既具有针对性又能全面考察求职者的能力和素质；在招聘启事方面，企业可以根据岗位需求，输入相关关键词或描述，智谱清言将自动生成符合要求的招聘启事；在周报总结方面，用户可以根据周报的需求，在智谱清言中输入相应的关键词，AI将自动生成周报的框架，包括本周工作回顾、下周工作计划等部分。

本节将介绍智谱清言在岗位面试、招聘启事及周报总结等方面的具体应用。

8.3.1　生成行政经理岗位的面试问题

智谱清言能够基于企业的岗位需求，提供一系列高质量的面试问题，帮助招聘人员更好地评估求职者。在面试过程中，招聘人员可以参考智谱清言提供的面试评估标准和方法，对求职者的表现进行客观、全面的评估。智谱清言还能根据求职者的回答和表现，提供进一步的评估建议和分析报告，帮助招聘人员做出更准确的决策，相关案例如下。

扫码看教学视频

🔍 提问

你是一位经验丰富的人力资源总监，拥有20年的人力资源管理经验，请制定一份关于行政经理在应对突发事件与危机管理方面的10个面试问题，检验其应变与决策能力。

智谱清言

> 1. 请描述一次您在以往工作中遇到的突发事件，并说明您是如何迅速应对的。您当时的决策过程是怎样的？
>
> 2. 在危机管理中，如何平衡紧急应对和长远规划？请举例说明您在处理突发事件时是如何做到这一点的。
>
> 3. 当公司面临重大危机时，您如何确保与各部门的沟通顺畅，以便迅速采取协同行动？
>
> 4. 请谈谈您在应对突发事件时，如何评估和分配资源，以确保关键业务的正常运行？
>
> 5. 在处理危机过程中，如果遇到团队成员士气低落，您会如何调整团队状态，激发大家的工作积极性？
>
> 6. 请举例说明您在面对突发事件时，如何运用创新思维解决问题，从而化危为机？
>
> 7. 在危机管理中，如何确保公司在应对突发事件的同时，遵循相关法律法规和公司政策？
>
> 8. 请谈谈您在应对突发事件时，如何与外部合作伙伴、供应商和客户保持良好的沟通，共同应对危机？
>
> 9. 在处理突发事件时，您如何确保自己在高压环境下保持冷静，做出理性决策？
>
> 10. 请分享一次您在危机管理中总结的经验教训，以及这些经验如何帮助您在未来的工作中更好地应对突发事件。

★ 专家提醒 ★

智谱清言在岗位面试方面发挥着重要作用。它不仅为求职者提供了简历优化、面试准备和技巧指导等方面的帮助，还为招聘人员提供了面试问题设计、评估辅助和效率提升等方面的支持。通过智能化的应用和服务，智谱清言正在逐步改变企业招聘的传统模式，推动招聘行业的创新和发展。

8.3.2 生成视频剪辑岗位的招聘启事

对于有招聘需求的企业，招聘启事是广纳人才的有效途径，智谱清言可以作为招聘助手，帮助企业快速生成高质量的招聘文案。企业可以根据自身品牌形象和招聘需求，对生成的招聘启事进行个性化定制，以便更好地吸引目标求职者。

扫码看教学视频

通过招聘启事上的信息，企业可以找到有针对性的人才，求职者也可以有针对性地找到满意的工作。在智谱清言的帮助下，企业可以轻松获得特定岗位的招聘启事，相关案例如下。

提问

请撰写一份视频剪辑岗位招聘启事，强调自己擅长的软件，包括剪辑软件熟练度及视觉审美能力，要求列出岗位的核心职责，明确岗位所需的最低学历、专业背景及工作经验要求，同时注明我们提供的福利待遇和发展空间。

🔵 智谱清言

招聘启事：视频剪辑岗位

一、公司简介：我们是一家专注于影视制作、新媒体内容创作的公司，致力于为客户提供高品质的视觉体验。为了不断提升团队实力，现诚邀具备优秀剪辑技能和视觉审美能力的您加入我们的大家庭！

二、招聘岗位：视频剪辑师。

三、岗位职责：

1.负责公司各类视频项目的剪辑、调色、音频处理及特效制作；

2.根据项目需求，独立完成视频剪辑工作，保证视频质量符合公司标准；

3.与团队密切合作，参与项目讨论，提供创意和优化建议；

4.负责视频素材的整理、归档和备份工作；

5.关注行业动态，不断提升自己的剪辑技能和视觉审美能力。

四、任职要求：

1.最低学历：大专及以上学历，影视制作、动画、数字媒体等相关专业；

2.专业背景：具备良好的美术基础和视觉审美能力；

3.工作经验：1年以上视频剪辑工作经验，熟练掌握办公软件；

4.熟悉视频制作流程，具备一定的编导思维和创新能力；

5.具备良好的沟通协调能力，能承受工作压力，具备团队合作精神。

……

如果您符合以上条件，欢迎投递简历及作品集至邮箱：[邮箱地址]，我们将尽快与您取得联系。期待您的加入，共同创造美好未来！

8.3.3 生成公众号运营的周报总结

扫码看教学视频

在工作场景中，工作总结发挥着评估团队和个人工作情况，提高团队的工作质量和个人工作能力的作用，同时，还能够指导未来的工作。撰写工作总结在技巧上没有难度，但需要耗费大量的时间和精力，也十分考验人的总结能力和分析能力。

此时，运用智谱清言可以帮助用户快速梳理工作，从而提高撰写工作总结的效率。例如，让智谱清言生成公众号运营周报，相关案例如下。

🧑 提问

请根据以下内容帮我写一份10月份第2周的工作周报。

1. 工作内容：写了5篇公众号文章，外出使用无人机航拍了30段城市风光视频。

2. 取得的进展：每篇文章的阅读量均在6000次以上，有一篇文章的阅读量达到了两万次，并获得了10位粉丝的赞赏；每段短视频的播放量达10万次以上。

3. 下周计划：完成10篇公众号文章的选题策划和写作，分析并总结文章获得高阅读量的原因和技巧。

◎ 智谱清言

工作周报（10月份第2周）
一、本周工作内容
内容创作：本周共撰写了5篇公众号文章，涉及多个领域，丰富了公众号的内容体系。
视频拍摄：外出使用无人机航拍，成功拍摄了30段城市风光视频，为公众号及短视频平台提供了丰富的素材。
二、本周取得的进展
文章阅读量：本周发布的5篇文章，阅读量均达到6000次以上，其中一篇优质文章阅读量突破两万次，获得了良好的传播效果。
粉丝互动：该篇文章获得了10位粉丝的赞赏，体现了文章的质量和粉丝黏性。
视频播放量：本周拍摄的30段城市风光视频，每段视频的播放量均达到10万次以上，为平台带来了较高的关注度。
三、下周工作计划
内容创作：完成10篇公众号文章的选题策划和写作，确保文章的质量和时效性。
分析总结：针对本周文章获得高阅读量的情况，分析原因，总结写作技巧，为后续内容创作提供借鉴。
优化内容策略：根据分析结果，调整和优化公众号内容策略，以提高整体阅读量和粉丝互动。
敬请领导批示！

（签名）2024年10月第2周

8.3.4　生成一本书的前言与内容提要

对于前言和内容提要这样的文本，需要具备一定的文采和深度，智谱清言的语言生成能力能够满足这一需求。智谱清言可以根据书籍的主题，进行深入的分析和理解，从而在前言和内容提要中准确传达书籍的主旨和精髓，帮助用户更好地完成书籍前言与内容提要的撰写工作。

扫码看教学视频

在生成前言和内容提要时，智谱清言能够为用户提供清晰的内容框架，有助于用户更好地组织文本结构，相关案例如下。

♟ 提问

请为《智谱清言AI文案写作从入门到精通》这本书，生成一篇前言，概述AI文案写作新趋势，强调AI技术赋能。还要生成一篇内容提要，体现书籍的主要内容，强调读者定位。

◎ 智谱清言

前言
在这个数字化浪潮席卷全球的时代，文案写作正经历着一场深刻的变革。人工智能（AI）技术的迅猛发展，为文案创作带来了前所未有的新趋势。在这样的背景下，《智谱清言AI文案写作从入门到精通》应运而生，旨在为广大文案创作者揭示AI文案写作的新机遇，强调AI技术在文案创作中的赋能作用。

　　AI文案写作的新趋势主要体现在以下几个方面：一是智能化，AI技术能够根据用户的需求和大数据分析，自动生成符合市场需求的文案；二是个性化，AI能够精准把握用户喜好，为不同的用户群体量身定制文案；三是高效化，AI文案创作大大缩短了传统文案创作的时间，提高了工作效率。

　　本书强调AI技术的赋能作用，正是看到了AI在文案创作中的巨大潜力。AI技术不仅能够帮助我们更好地理解目标受众，还能在创意生成、文本优化、数据分析等方面发挥重要作用。以下是本书对AI技术赋能文案写作的几个概述。

　　1. 情感识别：AI技术能够精准识别用户情感，使文案更具感染力，提升用户共鸣。

　　2. 创意生成：AI算法可以从海量数据中提炼出创意点，为文案创作者提供灵感来源。

　　3. 文本优化：AI能够根据关键词和语境，自动优化文案结构，提高文本质量。

　　4. 数据分析：AI技术可以实时分析市场动态和用户反馈，为文案创作者提供有针对性的调整建议。

　　……

内容提要

　　《智谱清言AI文案写作从入门到精通》是一本针对广大文案创作者量身定制的AI文案写作宝典。本书围绕AI技术在文案领域的应用，系统讲解了从基础理论到实战技巧的全部内容，旨在帮助读者把握AI文案写作的核心要领，提升个人职业素养。

　　本书主要内容如下。

　　1. AI文案写作基础：从AI技术的发展历程、文案创作的基本概念入手，为读者搭建扎实的理论基础。

　　2. AI文案创作工具：详细介绍当前市场上主流的AI文案创作工具，指导读者如何运用这些工具提高工作效率。

　　3. 创意激发与构思：分享AI技术在创意生成、构思文案方面的应用，帮助读者打破思维局限，激发无限创意。

　　4. 实战技巧与案例分析：通过大量实战案例，教授读者如何运用AI技术进行文案创作，提高文案质量和转化率。

　　5. AI文案优化与评估：探讨如何利用AI技术对文案进行优化，以及如何评价文案效果，实现持续改进。

　　……

第 9 章

秘塔：一款专业的 AI 搜索引擎

秘塔 AI 搜索是上海秘塔网络科技有限公司开发的一款人工智能搜索引擎，没有广告，直达结果。秘塔提供多种搜索模式，包括简洁模式、深入模式和研究模式，不同模式会影响搜索结果的详细程度，以满足用户的不同需求。本章将全面介绍秘塔的核心功能与操作页面，并对其常用功能与擅长的领域以案例的形式进行了分析。

9.1 全面介绍：秘塔的核心功能与页面讲解

秘塔AI搜索通过智能算法和机器学习技术，深度理解用户的搜索意图，提供高效、准确的搜索结果，它不仅能够满足用户对各类信息的需求，还具备学术搜索功能，帮助用户快速找到相关的研究论文。秘塔AI搜索除了网页版本，还提供了Android版的App，提高了使用的便捷性。本节主要介绍秘塔的核心功能，并对其操作页面中的主要功能进行了讲解，帮助用户更好地掌握秘塔AI搜索的强大功能。

9.1.1 秘塔的核心功能介绍

扫码看教学视频

秘塔的核心功能主要体现在其智能化、结构化的搜索体验上，这些功能共同为用户提供了一个高效、准确且便捷的信息获取平台。

下面以图解的方式介绍秘塔的5个核心功能，如图9-1所示。

智能搜索算法	秘塔能够深度解析用户的搜索需求，理解其背后的真实意图，有助于搜索引擎提供更加精准、符合用户期望的搜索结果。除了传统的文本搜索，秘塔还支持语音等多种模态的搜索，使用户可以通过多种方式表达自己的搜索需求
结构化信息展示	在搜索结果中，秘塔会提供特色的思维导图和大纲，帮助用户快速把握文章或页面的核心内容和结构，这种结构化的展示方式不仅提高了信息的可读性，还方便了用户的记忆和理解，有助于用户快速获取所需信息，节省阅读时间
学术搜索与智能推荐	秘塔提高了学术搜索能力，能够自动查找并呈现与用户查询相关的学术论文、期刊文章等学术资源。同时，它还支持对学术文献的深入分析和提炼，帮助用户快速了解某一领域的研究进展和前沿动态，帮助用户发现更多有价值的信息
追问与多轮对话	在搜索结果中，如果用户对某个问题或答案仍有疑问，可以通过秘塔的"追问"功能继续提问，搜索引擎会根据用户的追问内容，进一步提供相关的搜索结果或解答，实现多轮对话式的搜索体验，帮助用户提供更加准确的搜索结果
无广告搜索体验	与许多传统搜索引擎不同，秘塔不会在搜索结果中插入任何形式的广告，这意味着用户可以更加专注于搜索结果本身，而不会被各种广告所干扰，这种纯净的搜索体验有助于提升用户的满意度和忠诚度

图9-1 秘塔的 5 个核心功能

★ 专家提醒 ★

对于重要的搜索结果，秘塔会进一步提炼其中的关键信息，如摘要、关键词、重要段落等，并以醒目的方式呈现给用户，为用户节省阅读时间。

9.1.2　秘塔页面中的功能讲解

秘塔的页面设计非常简洁直观，整个页面中仅有一个搜索框，用户只需输入关键词即可进行搜索，搜索结果以结构化的形式呈现，使用户能够快速获取关键信息。秘塔页面中的主要功能模块如图9-2所示。

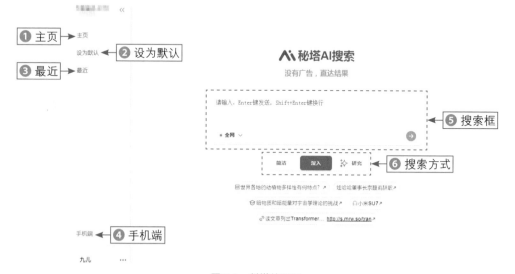

图 9-2　秘塔的页面

下面对秘塔页面中的主要功能进行相关讲解。

❶ 主页：选择该选项，可以进入秘塔AI搜索的主页。

❷ 设为默认：选择该选项，进入相应的页面，在其中可以将秘塔设为默认的搜索引擎。

❸ 最近：选择该选项，可以查看秘塔之前的搜索结果，或者继续之前的讨论。

❹ 手机端：选择该选项，将弹出一个二维码，用户扫码可以安装秘塔AI搜索App。

❺ 搜索框：用户可以在其中输入想要查询的关键词或问题，以获取相关的搜索结果。

❻ 搜索方式：秘塔提供了3种搜索方式，即"简洁""深入""研究"模式，"简洁"模式会尽量简短地呈现搜索结果，反应速度也最快；"深入"模式会加入对关键信息的解释，并提供丰富的关联信息和汇总相关性强的链接；"研究"模式将对搜索的内容进行深度挖掘，细致研究，能够生成一份详细的研究报告。

★ 专家提醒 ★

秘塔提供的 3 种搜索方式都有独特的适用场景，"简洁"模式适合快速了解对象或主题的基础信息，适用于需要迅速获取信息但不需要深入分析的用户；"深入"模式适用于需要对某个主题进行详细探索和全面了解的用户，例如学术研究或专业领域的深入探讨；"研究"模式适合学术研究和需要深度分析的用户，如撰写论文、进行科研项目等。

通过这3种模式，秘塔AI搜索引擎能够满足不同用户在不同场景下的需求，从而提升用户的搜索效率和体验。

9.2 常用功能：全网搜索、策划论文、新媒体文案

秘塔专注于高质量的内容呈现，没有广告骚扰，能够根据用户的需求抓取并呈现互联网上的最新资讯与动态，确保信息的时效性。秘塔在搜索结果中还会提供信息源链接，方便用户溯源验证信息的出处和可靠性。本节将针对秘塔在全网搜索、策划论文、新媒体文案等方面的具体应用，帮助用户快速获取相关内容。

9.2.1 全网搜索 AI 短视频生成工具

秘塔的信息源相比其他搜索引擎更为丰富，它不仅会抓取和呈现互联网上的最新资讯与动态，还会整合和搜索与主题相关的辅助信息，在全网搜索AI短视频工具时，用户可以通过秘塔获取到更全面的信息，相关案例如下。

扫码看教学视频

👤 **提问**

AI短视频生成工具有哪些？

 秘塔AI搜索

> AI短视频生成工具种类繁多，以下是一些主要的工具及其特点。
>
> 1. Sora：由中国广播电视设备工业协会发布的Sora是一款智能生成短视频的工具。它能够从直播中剪辑出亮点，并进行混剪和配音等处理。此外，Sora还可以根据用户行为和需求预测，为创意与投放提供指导，实现内容生成的低成本化。
>
> 2. 百度智能创作平台：它是百度推出的一站式内容创作助手平台，涵盖文章创作、视频生成和视频智能编辑等功能。该平台支持图文转视频、图表动画、虚拟主播、语音快剪、智能字幕等多种功能，已帮助超过20家媒体机构自动创作了超过15万条短视频。
>
> 3. 智影：它是由慧川智能开发的在线视频制作平台，可以根据用户输入的文字脚本自动生成视频和配音。系统会自动生成基于图片的视频框架，并允许用户在线进一步编辑和导出。
>
> 4. PICTORY：展示了AI在视频编辑和自主生成方面的应用，能够辅助电影、剧集和短视频内容生产。
>
> 5. Runway：拥有完善的在线视频处理技术，开发了多个AI工具，包括视频处理、动态追踪、平滑插帧及一键模糊人脸等功能。其Gen-2模型是市场上最好的视频生成模型之一。
>
> 6. Pika 1.0：它是由初创公司Pika推出的AI视频生成工具，具备文本/图像生成视频、视

频风格转换等功能。该工具经过测试后上线，获得了5500万美元融资。

7. Emu Video：它是由Meta发布的工具，能够基于文本和图像输入生成视频剪辑。

8. PixelDance：它是由字节跳动发布的模型，通过描述（纯文本）+首帧指导（图片）+尾帧指导（图片），即可生成包含复杂场景和动作的视频。

9. Stable Video Diffusion：由Stable AI发布的最新AI模型，能够通过现有图片生成视频。

10. Wondershare Virbo：创新赋能跨境卖家等全球视频营销用户，提供从脚本到"真人"出镜再到视频自动生成的全链路AIGC创作体验。

这些工具各有特色，适用于不同的应用场景和需求。例如，Sora适合新闻报道和直播剪辑，而Runway则更适合专业视频制作和特效处理。选择合适的AI短视频生成工具可以大大提升视频制作的效率和质量。

9.2.2 策划10个服装领域的论文选题

扫码看教学视频

秘塔AI搜索能够从海量的学术资源中精准筛选出与服装领域相关的论文选题，它不仅能够识别关键词，还能理解关键词之间的关联和上下文，从而推荐出既符合用户需求又具有创新性和研究价值的选题。秘塔通过整合来自不同来源的信息，包括学术期刊、会议论文、专利文献等，为用户提供全面、系统的选题参考，大大节省了用户手动查找和整理信息的时间和精力，有助于用户更加专注于选题策划工作，提高工作效率，相关案例如下。

👤 提问

请为服装领域快速策划10个论文选题。要求选题围绕时尚趋势、服装设计、面料创新、可持续时尚、消费者行为等方面，注重研究的实用性、创新性和前瞻性。确保每个选题都有明确的研究方向和潜在的研究价值。

秘塔AI搜索

以下是围绕时尚趋势、服装设计、面料创新、可持续时尚和消费者行为等方面的10个论文选题，每个选题都具有明确的研究方向和潜在的研究价值。

1. 基于大数据的可持续时尚设计策略研究

研究方向：通过分析消费者数据和市场趋势，提出可持续时尚设计的优化策略。

潜在研究价值：为时尚品牌提供科学的可持续设计方法，提升品牌竞争力。

2. 智能纺织品在功能服装中的应用及其对消费者行为的影响

研究方向：探讨智能纺织品如何改善功能服装的性能，并评估其对消费者购买决策的影响。

潜在研究价值：推动智能纺织品技术的应用，促进功能服装市场的增长。

3. 模块化服装设计与再利用的可行性研究

研究方向：研究模块化设计在提高服装再利用率方面的效果及其对环境和社会经济的影响。

潜在研究价值：为服装行业提供一种新的可持续解决方案，减少资源浪费。

4. 消费者行为与时尚品牌忠诚度的关系研究

研究方向：分析不同消费者行为模式对时尚品牌忠诚度的影响，包括社交媒体使用情况和个性化需求。

潜在研究价值：帮助时尚品牌更好地理解目标市场，制定有效的营销策略。

5. 新型环保面料的开发与应用

研究方向：研究并开发新型环保面料，如生物基纤维和可降解材料，探索其在实际生产中的应用。

潜在研究价值：推动纺织行业的绿色转型，减少环境污染。

6. 数字化技术在服装设计中的应用及其对市场的影响

研究方向：探讨数字化技术（如CAD和3D打印）在服装设计中的应用及其对时尚市场的影响。

潜在研究价值：提升服装设计的效率和创新能力，满足消费者对个性化产品的需求。

……

9.2.3　生成美食烹饪技巧新媒体文案

扫码看教学视频

用户只需在秘塔中输入关键词或简短描述，秘塔就能自动分析并生成与美食烹饪技巧相关的新媒体文案，大大提高了创作效率。秘塔能够整合食谱、烹饪视频、美食博客等内容，为文案创作提供丰富的素材和灵感，有助于用户快速掌握美食烹饪技巧的核心要点，并生成具有深度和广度的新媒体文案，提升文案的吸引力和传播效果。

👤 提问

生成一篇关于美食烹饪技巧的创意新媒体文案。内容聚焦于"快速解锁家常菜色、香、味俱全的秘密"。文案风格应轻松幽默，确保内容实用性强，同时附上简单易懂的步骤指导。

🅰 秘塔AI搜索

引言：

大家好！今天，我们将一起探索如何快速、轻松地制作出色、香、味俱全的家常菜。无论你是烹饪新手还是厨艺高手，这篇文章都会给你带来一些实用的技巧和步骤指导。

一、万能酱汁——瞬间提升菜肴风味

在厨房里，有一样东西可以让你的菜肴瞬间变得美味无比，那就是——万能酱汁！无论是煎鸡翅、烤鸡腿还是炒青菜，只要搭配上一碗好的酱汁，就能大大提升整道菜的口感和层次感。

二、孜然快手小炒——一气呵成的美味

想要快速做出一盘香喷喷的小炒？试试孜然快手小炒吧！只需将肉片或蔬菜切好，加入适量的孜然粉和其他调料，大火快炒，一气呵成，美味即刻呈现。

三、饭菜一锅端——懒人最爱的简易做法

对于那些喜欢简单快捷的朋友，"饭菜一锅端"是最佳选择。只需将米饭、肉末、蔬菜等所有材料一次性放入高压锅中，设定好时间和温度，等待几分钟，一锅香喷喷的饭菜就做好了。

四、红烧肉——经典美味的秘诀

红烧肉是许多人心目中的经典美食。要做出不腻口、色泽红亮的红烧肉，关键在于选材和调味。先将五花肉切成块，用开水焯一下去腥味，再加入老抽、生抽、料酒、冰糖等调料，小火慢炖，直到肉质酥软入味。

五、凉拌菜——清爽可口的夏日佳肴

夏天到了，来一道清爽可口的凉拌菜吧！首先将蔬菜洗净切好，然后加入适量的盐、醋、香油等调味料，最后撒上一些蒜蓉和辣椒粉，搅拌均匀即可。这样不仅简单方便，还能保留食材的营养和原味。

六、快手营养早餐——开启美好的一天

忙碌的早晨需要一顿营养丰富的早餐来迎接。你可以提前准备好各种食材，如鸡蛋、牛奶、面包等，搭配一杯新鲜果汁，简单快捷又健康。如果时间紧张，可以尝试使用多功能厨具如熬乐多，它能帮你快速完成早餐的制作。

......

9.2.4 根据需求撰写探店短视频文案

扫码看教学视频

利用人工智能技术生成短视频文案是如今互联网时代的一大流行趋势，并且随着研究的深入其传播与应用会越来越广泛。短视频文案因其表达内容和写作手法不同，表现为不同的类型，例如互动体验类、情节叙事类、干货分享类、影视解说类及电商广告类。用户在运用秘塔生成探店短视频文案时，可以结合这些类型来撰写关键词，相关案例如下。

👤 **提问**

请为探店短视频生成创意文案，要求突出海鲜店的特色、氛围及必尝菜品，融入趣味或情感元素，吸引观众兴趣，并引导观众到店体验，同时保持文案简洁有趣，符合短视频的特点。

秘塔AI搜索

标题：海鲜控必看！这家店的海景和美食让你流连忘返！

开头：

大家好，我是你们的美食探店小分队！今天，我们来到了一家特别的海鲜餐厅，不仅有美味的海鲜，还有无敌的海景哦！

中段：

一走进这家店，首先映入眼帘的是那无边无际的海景，仿佛整个世界都属于你。这里的每一道菜都是由大厨精心制作的，特别是他们的镇店之宝——金香奶油蟹！这道菜利用了金香与奶油的独特搭配，味道浓郁，超级入味，绝对是你在其他店面都找不到的极致美味。

除了金香奶油蟹，还有许多必尝的招牌菜，比如芝士焗龙虾、椒盐肥虎、扇贝等，每一口都能带来满满的幸福感。除此之外，这里的服务员态度超级好，让你在享受美食的同时，也能感受到家的温暖。

结尾：

如果你也像我们一样热爱海鲜，那就不要犹豫了，快点来体验一下吧！相信我，这里的美味和美景一定会让你流连忘返的！

互动：

喜欢我们的视频吗？记得点赞、关注并分享给你的朋友们哦！我们下次见！

标签：
#海鲜控 #美食探店 #海景餐厅 #必尝菜品
结束语：
感谢大家的观看，我们下期视频见！

9.3　擅长领域：音乐创作、文学创作、风险防范

秘塔AI搜索的信息源相比其他搜索引擎更为丰富，它不仅会抓取并呈现互联网上的最新资讯与动态，还会整合和搜索与主题相关的辅助信息，帮助用户快速获得理想的文案内容。本节主要介绍秘塔在音乐创作、文学创作及风险防范方面的具体应用。

9.3.1　生成民谣歌曲的歌词

扫码看教学视频

秘塔采用的人工智能技术能够学习和模仿不同艺术家和不同风格的歌词写作。在生成民谣歌词的时候，它会提供多样化的民谣风格，以满足用户对不同情感和主题的需求。另外，秘塔具备自动化生成大量候选歌词的能力，这将大大提高音乐创作的效率，相关案例如下。

👤　提问

以"温暖乡野，月光下的故事"为主题，生成一首民谣歌词。要求融合自然景象、人情味及简单的旋律线索，如"溪水潺潺伴我行，老槐树下歌声轻"，并确保歌词意境悠远，易于传唱，适合吉他伴奏。

🅰　秘塔AI搜索

第一节：
溪水潺潺伴我行，老槐树下歌声轻，
月光洒在田野上，稻香随风轻。
副歌：
啊，温暖乡野，月光下的故事，
简单旋律，心随歌飞，
啊，温暖乡野，月光下的故事，
吉他轻弹，梦回故乡。
第二节：
炊烟袅袅升上空，孩童笑声在耳边，
月光照亮回家路，温暖每个心田。
副歌：
啊，温暖乡野，月光下的故事，
简单旋律，心随歌飞，
啊，温暖乡野，月光下的故事，

吉他轻弹，梦回故乡。

第三节：

……

这首歌词融合了自然景象与人情味，简单的旋律易于吉他伴奏，适合在宁静的夜晚，围坐篝火旁，轻轻弹唱，传递着对故乡的思念与对美好生活的向往。

9.3.2 提供创作科幻小说的灵感

扫码看教学视频

科幻小说是指在尊重科学结论的基础上，对故事进行虚构的文学体裁。这类小说主要以科学故事为题材，一般具备逻辑自洽、科学元素和人文思考3个要素，而运用秘塔可以为用户提供创作科幻小说的灵感，相关案例如下。

👤 提问

你是一名经验丰富的科幻小说家，现在需要你撰写一篇主题为"外星上的世界"的小说，要求情节合理，故事背景新奇，请你提供3个小说创意。

Ai 秘塔AI搜索

作为一名经验丰富的科幻小说家，我将提供3个关于"外星上的世界"的小说创意，每个创意都具有独特的情节和背景设定。

创意一：黏菌星球的隐秘文明

故事背景：

在一个类似于地球卡尼期时代的热带雨林星球上，生活着一种由黏菌进化而来的高级智慧生命。这种生命没有性别之分，繁殖和进食无时无刻在持续进行。它们的母星洛特温暖湿润，成为黏菌繁殖和进化的极佳舞台。

情节概述：

故事讲述一位地球科学家在一次太空任务中意外发现了一个未知的星球——洛特。他被这个星球上独特的生物形态所吸引，并决定深入研究这些黏菌文明。随着对黏菌文明的了解逐渐加深，科学家们发现这些黏菌不仅拥有高度发达的科技，而且他们的社会结构和思维方式也与人类截然不同。

然而，在进一步的接触过程中，科学家们也意识到这些黏菌文明有着自己的秘密和困境。为了保护自己的家园，他们不惜一切代价阻止外界的干扰。这使得地球科学家陷入两难境地：是继续探索并帮助这些黏菌文明，还是保持距离以避免潜在的冲突？

创意二：赛博朋克风格的外星虚拟文明

故事背景：

在一个遥远的星系中，存在一个由外星人势力引导的虚拟文明。这个文明高度依赖虚拟现实技术，所有活动都在一个巨大的虚拟世界中进行。这个虚拟世界被称为"新乐园"，它是一个高度仿真的三维空间，充满了各种虚拟的自然景观和建筑。

情节概述：

故事的主角是一位来自地球的年轻黑客，他偶然间获得了一张通往"新乐园"的通行证。为了寻找失踪的家人，他进入了这个虚拟世界。在这个过程中，他逐渐揭开了"新乐园"背后的秘密：这是一个由外星人创造的实验场，旨在测试不同文明在虚拟环境中的适应性和互动性。

随着故事的发展，主角发现了一个隐藏的真相：外星人计划将地球纳入他们的虚拟实验体系中，而人类将成为下一个实验对象。面对这一危机，主角必须与"新乐园"中的其他虚拟居民合作，找到阻止外星人计划的方法。

……

这3个创意均结合了独特的背景设定和合理的情节发展，能够为读者带来全新的阅读体验。

9.3.3　获得企业风险防范建议

扫码看教学视频

在经营企业的过程中，人们会面临各种法律法规风险、市场风险、技术风险、财务风险、业务风险、自然灾害风险、人才风险等诸多隐患，因此风险防范也是企业管理中的重要项目，科学的企业管理能够帮助企业提高风险防范意识。

但科学的企业管理能力和水平并非一朝一夕形成的，需要企业经营经验的积累，且风险具有不确定性，因此风险防范并不是一件易事。然而，运用秘塔AI搜索，企业能够借助AI的力量获得很多风险防范的建议，从而间接地提高企业管理能力，相关案例如下。

👤 **提问**

请你充当风险管理顾问，从不同维度为影视广告公司提供一些风险防范建议。

Ⱥ **秘塔AI搜索**

作为影视广告公司的风险管理顾问，我将从多个维度为公司提供风险防范建议。

一、法律与合规风险

遵守法律法规：根据《中华人民共和国广告法》（2021年修正），广告主、广告经营者和广告发布者在从事广告活动时必须遵守相关法律、法规，诚实信用，公平竞争。因此，公司应确保所有广告内容和形式都符合国家的相关规定，避免因违规而受到处罚。

行业自律与规范：广告行业组织制定并实施行业规范，加强行业自律，促进行业发展。公司应积极参与这些行业规范的制定和执行，以提升自身的行业地位和信誉。

二、财务风险

合理定价策略：根据市场需求和产品质量确定合理的广告价格，确保收入能够覆盖成本并获得一定的利润。同时，建立风险管理机制，制定相应的风险管理政策和措施。

成本控制与预算管理：事先控制包括承利获利模式控制、支付模式付款节奏控制以及超支管理，事中控制涉及财务管理，事后控制则包括审计权等重要风险控制手段。

多元化经营的风险管理：随着影视公司规模扩大，逐渐进入其他行业发展时，需要特别注意不同行业的经营风险，并采取相应的风险防控措施。

三、市场与运营风险

市场调研与分析：定期进行市场调研和趋势分析，了解行业动态和消费者需求变化，及时调整营销策略。

项目管理和风险评估：对投资项目进行详细的风险评估，做好财务分析与预测，确保项目的可行性和盈利能力。

内部控制与治理：完善公司治理体系，明确职务分工，避免管理机构缺失或形同虚设等问题。同时，加强内部审计和监督，防止出现损害公司利益的行为。

四、技术与数据安全风险

技术风险管理：随着互联网技术的发展，影视广告公司面临的技术风险也日益增加。公司应采用先进的技术手段保护数据安全，防止信息泄露和滥用。

版权与知识产权保护：在制作和发布广告内容时，需要注意版权问题，避免使用未经授权的音乐、影片或其他素材，以免引发法律纠纷。

五、信用与声誉风险

信用风险管理：加强与客户的沟通和合作，建立良好的信用记录。对于存在潜在信用风险的客户，采取相应的预防措施。

声誉管理：避免参与或制造负面新闻和舆论，特别是在营销活动中要保持诚信和透明度，维护公司的品牌形象。

通过以上多维度的风险防范措施，影视广告公司可以有效降低各类风险，保障公司的稳定发展和长期竞争力。

9.3.4　提供钻戒产品设计灵感

扫码看教学视频

由于珠宝常常被人们赋予某种纪念意义，因此珠宝不仅可以起到修饰的作用，还具有收藏价值，而珠宝设计对设计师关于材料的认知和美感的把握有较高的要求。在秘塔的帮助下，用户可以获得一些设计灵感，相关案例如下。

👤 **提问**

请你充当一名珠宝设计师，提供5个关于爱情主题的钻戒设计灵感。

秘塔AI搜索

作为一名珠宝设计师，我将提供5个关于爱情主题的钻戒设计灵感。

1.这款钻戒的设计灵感来自于萨尔茨堡的盐树枝，源自司汤达的爱情理论，把爱情比喻为在盐矿掩埋过缀满晶体的树枝。连理枝戒臂的形状和纹理，都是以树枝元素作为设计核心，自然缠绕的树枝形状，包裹着闪耀的钻石，款式个性十足，精致且有质感，区别于一般的钻戒款式，就像特别的爱只给特别的人。

2.心形设计是爱情最直白的象征，它不仅代表了爱的形状，还传递着浪漫与激情的情感。例如乐维斯"LOVING HEART"系列，以真爱之心为设计灵感，有着浓浓的爱情气息，表达着无尽的思念之情。这种设计通常由混合金属制成，如黄金、白金和玫瑰金，以及镀金的银色，钻石是最能传达"我爱你"的礼物，美丽、璀璨、明亮且耐用。

3.设计灵感来源于松果的"薇拉 Vera"系列，象征着爱的坚守与保护。设计师以18K金打造的"鳞甲"有机的层叠，托举起一枚如蓓蕾般的钻石。既有自然的明丽饱满，又呈现了几何数理之美，摩登有型且优雅自若，它是充满力量和爱的小宇宙。

4.灵感来源于黎族《甘工鸟的传说》，讲述黎族姑娘婉甘和拜和的凄美爱情故事。整体形象从黎锦上的甘工鸟纹设计提取而来，耳饰的成双成对寓意天下所有有情人都能像甘工鸟一样成双成对。现代工艺重新演绎这一主题，使钻戒不仅具有文化内涵，同时也具备时尚感。

5. 设计灵感来自芬兰静谧星空的"恒星钻戒"，集璀璨、美好、浪漫于一体。星芒四射的设计，显钻效果满分，颜值与性价比爆棚。这款钻戒的设计灵感来自芬兰静谧星空，通过星芒四射的设计，使钻石更加突出和闪耀，象征着永恒不变的爱情。

这些设计灵感结合了自然元素、传统文化和现代工艺，旨在为每一对恋人提供独一无二且富有情感的钻戒。

【AI图片篇】

第 10 章

文心一格：AI 绘画的艺术助手

　　文心一格是百度依托飞桨、文心大模型的技术创新，推出的 AI 艺术和创意辅助平台。面向有设计需求和创意的人群，提供智能化的艺术创作和创意辅助服务，能够智能生成多样化的 AI 创意图片，辅助创意设计，打破创意瓶颈。本章将全面介绍文心一格的核心功能与操作页面，并对其常用功能与擅长的领域以案例的形式进行讲解。

10.1　全面介绍：文心一格的核心功能与页面讲解

文心一格的核心是文心大模型，该模型从数万亿数据和数千亿知识中融合学习，具备知识增强、检索增强和对话增强的技术优势。用户只需输入简单的描述，模型就能自动从视觉、质感、风格、构图等角度智能补充，生成更加精美的图片。本节主要介绍文心一格的核心功能，并对其操作页面的主要功能进行了讲解。未来，随着AI技术在艺术领域的不断发展，文心一格有望为艺术创作带来更多的可能性和想象空间。

10.1.1　文心一格的核心功能介绍

文心一格搭载了图像识别、风格迁移、生成对抗网络等业界领先的AI技术，实现了绘画创作的智能化。通过深度学习和大数据分析，能够准确识别上传的图片内容，并将用户选择的风格应用到生成的绘画作品中，使其更加逼真、细腻。

扫码看教学视频

下面以图解的方式介绍文心一格的5个核心功能，如图10-1所示。

智能图像生成	用户只需输入简单的语言描述，如"山水画"或"未来城市"，文心一格就能根据这些描述，结合其内置的多种绘画风格（如油画、水彩、素描等），自动生成与之匹配的图像。这一功能极大地提高了绘画的效率，即使是没有专业绘画技能的用户，也能轻松创作出精美的艺术作品
多样化风格选择	文心一格提供了多样化的绘画风格供用户选择，这些风格涵盖了从传统到现代，从写实到抽象的各种类型，满足了用户对不同艺术风格的需求。用户可以根据自己的喜好和创作需求，选择合适的风格进行创作，使得每一幅作品都独具特色
智能优化与编辑	除了基本的图像生成功能，文心一格还提供了智能优化和编辑功能。用户可以对生成的图像进行进一步的优化和调整，如改变色彩、调整构图、添加特效等，以使其更加符合自己的创作意图。此外，文心一格还支持用户进行多轮交互，通过不断的优化和编辑，提升画作的质量
人机共创与灵感激发	文心一格不仅是一个自动化的创作工具，它更注重与用户之间的互动和共创。平台内置了丰富的创意库，能够在用户遇到创作瓶颈时提供及时的启发和帮助。用户可以通过与文心一格的互动，激发自己的创意灵感，创作出更丰富的作品
高分辨率输出与应用	文心一格生成的图像具有高分辨率，可以满足用户在不同场景下的使用需求。用户可以将生成的图像应用于广告设计、产品包装、社交媒体分享等多种场景，展现自己的创意和个性。同时，文心一格还支持用户将作品导出为多种格式，方便用户在不同平台和设备上进行使用和分享

图 10-1　文心一格的核心功能

10.1.2 文心一格页面中的功能讲解

文心一格的操作页面简洁、友好，旨在通过人工智能技术帮助用户轻松实现创意绘画。用户可以通过百度账号直接登录文心一格，无须额外注册，方便快捷。

登录后，用户将进入"文心一格"主页，单击顶部导航栏中的"AI创作"标签，即可切换至"AI创作"页面，在其中用户通过输入关键词、选择画面类型、调整画幅比例、设置生图数量等步骤，即可轻松实现自己的创意绘画想法，如图10-2所示。

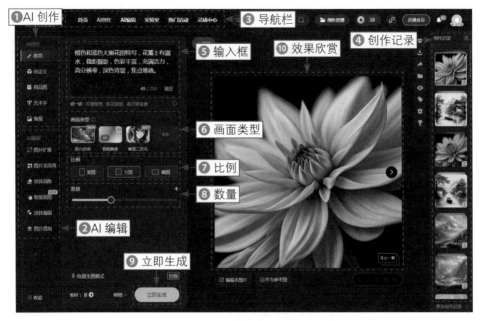

图 10-2　"AI 创作"页面

下面对"AI创作"页面中的主要功能进行相关讲解。

❶ AI创作：这是文心一格"AI创作"页面的核心功能，包括推荐、自定义、商品图、艺术字、海报等，利用AI技术可以自动生成相关的创意画作。

❷ AI编辑：允许用户对生成的画作进行调整和优化，包括图片扩展、图片变高清、涂抹消除、智能抠图及涂抹编辑等，允许用户进一步提升画作质量。

❸ 导航栏：位于页面顶部，包括"首页""AI创作""AI编辑""实验室""热门活动""灵感中心"等标签，帮助用户轻松导航至所需页面。

❹ 创作记录：允许用户查看和管理自己之前生成的作品，用户可以在该面板中找到之前创作的所有画作，进行查看、编辑、下载、分享或删除等操作。这一功能有助于用户整理自己的创作成果，并方便日后回顾和复用。

❺ 输入框：这是用户与AI创作功能交互的关键入口，用户可以在此输入与画作

主题相关的文字描述，如"星空下的城堡""春日樱花"等，这些描述将成为AI生成画作的基础，引导模型理解用户的创作意图。

❻ 画面类型：文心一格提供了多种画面类型，如二次元、中国风、插画、超现实主义、像素艺术等，用户可以根据创作需求为画作选择合适的风格。

❼ 比例：允许用户为生成的画作指定画幅比例，如竖图、方图或横图。这一功能有助于用户根据使用场景（如社交媒体分享、广告海报制作等）调整画作的布局和视觉效果。

❽ 数量：允许用户指定希望生成的画作数量。在文心一格中，用户可以通过拖曳滑块来确定生成画作的数量。但请注意，每生成一幅画作需要消耗一定的资源（如"电量"），因此建议用户根据实际情况选择适当的数量。

❾ 立即生成：完成所有设置后，用户单击"立即生成"按钮，即可启动AI创作过程。

❿ 效果欣赏：可以预览生成的画作效果，供用户查看和编辑。

10.2　常用功能：文生图、图生图、竖图、中国风

文心一格通过应用人工智能技术，为用户提供了一系列高效、具有创造力的AI创作工具和服务，让用户在艺术和创意创作方面能够更自由、更高效地实现自己的创意想法。本节主要介绍文心一格网页版的常用功能，帮助大家实现"一语成画"的目标。

10.2.1　设计企业 LOGO 标志

扫码看教学视频

LOGO在企业的品牌建设和市场营销中具有关键作用，它是客户和消费者识别和记住品牌的关键元素之一，一个独特而具有辨识度的LOGO可以帮助消费者在竞争激烈的市场中记住你的品牌。图10-3所示为使用文心一格生成的宠物店LOGO标志。

图 10-3　效果欣赏

下面介绍使用文心一格的文生图功能设计宠物店LOGO的操作方法。

步骤01 登录文心一格后，单击"AI创作"标签，切换至"AI创作"页面，输入相应的提示词，指导AI生成特定的图像，如图10-4所示。

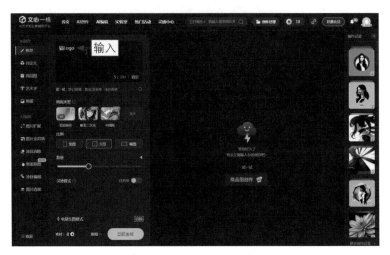

图 10-4 输入相应的提示词

步骤02 单击"立即生成"按钮，即可生成4张宠物店LOGO图片，如图10-5所示。

图 10-5 生成 4 张宠物店 LOGO 图片

★ 专家提醒 ★

新手可以直接使用文心一格"推荐"的AI绘画模式，只需输入关键词（该平台也将其称为创意），即可让AI自动生成画作。需要注意的是，即使是完全相同的关键词，文心一格每次生成的画作也会有差异。

10.2.2　设计草原风光宣传图片

宣传图片能够直观地展示草原的壮丽景色，如广袤的绿地、成群的
牛羊、特色的蒙古包等，吸引观众的眼球。通过高清、生动的图片，观
众可以感受到草原的辽阔与美丽，仿佛身临其境，从而唤起人们对自然环境的热爱
和保护意识，效果如图10-6所示。

图 10-6　效果欣赏

下面介绍使用文心一格的图生图功能设计草原风光宣传图片的操作方法。

步骤01 在"AI创作"页面中，切换至"自定义"选项卡，单击"上传参考
图"下方的 ⊕ 按钮，如图10-7所示。

步骤02 执行操作后，弹出"打开"对话框，选择相应的参考图，如图10-8
所示。

图 10-7　单击相应的按钮　　　　　　　　图 10-8　选择相应的参考图

步骤03 单击"打开"按钮，即可上传参考图，输入相应的提示词，指导AI
生成特定的图像，在下方设置"影响比重"为5，该数值越大，参考图的影响就越

大，如图10-9所示。

步骤 04 在下方设置"尺寸"为4∶3，更改图片的生成比例；设置"数量"为2，即生成两张AI图片，如图10-10所示，单击"立即生成"按钮，即可生成草原风光宣传图片。

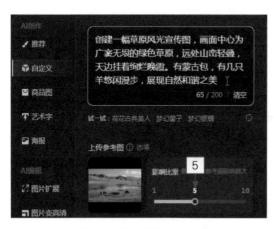

图 10-9　设置"影响比重"参数　　　　图 10-10　设置"尺寸"和"数量"

10.2.3　设计言情小说插画图片

插画作为一种视觉艺术形式，为言情小说增添了独特的艺术氛围，使书籍在外观上更加吸引人，提升读者的购买欲和阅读欲望，效果如图10-11所示。

扫码看教学视频

图 10-11　效果欣赏

　　下面介绍使用文心一格的"竖图"功能设计言情小说插画图片的操作方法。

　　步骤01 切换至"AI创作"页面，在"推荐"选项卡中，输入相应的提示词，指导AI生成特定的图像，如图10-12所示。

　　步骤02 在下方设置"比例"为"竖图"、"数量"为2，让AI生成两张竖幅图片，如图10-13所示，单击"立即生成"按钮，即可生成言情小说插画图片。

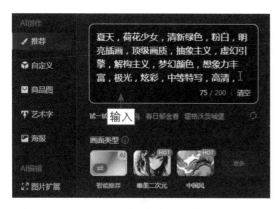

图 10-12　输入相应的提示词

图 10-13　设置相应的参数

10.2.4　设计中国风的山林图片

　　中国风的山林图片往往蕴含着丰富的传统文化元素，如山水画的意境、诗词的韵味等，能够唤起人们对自然美景的向往和怀念之情，提高人们对自然环境的保护意识和责任感。这类图片可以作为地理和生态科普的辅助材料，效果如图10-14所示。

扫码看教学视频

图 10-14　效果欣赏

下面介绍使用文心一格设计中国风山林图片的操作方法。

步骤01 切换至"AI创作"页面，在"推荐"选项卡中，输入相应的提示词，指导AI生成特定的图像，在下方设置"画面类型"为"中国风"，如图10-15所示，即生成中国风类型的山林图片。

步骤02 在下方设置"比例"为"方图"、"数量"为2，即生成两张AI方图，单击"立即生成"按钮，如图10-16所示，即可生成两张中国风的山林图片。

图 10-15　设置"画面类型"为"中国风"

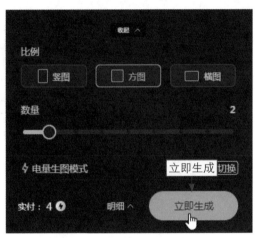

图 10-16　单击"立即生成"按钮

10.3　擅长领域：二次元漫画、网页设计、杂志广告

文心一格作为一款强大的AI艺术和创意辅助平台，凭借其先进的技术实力、丰富的功能特点和广泛的应用场景，为专业艺术家和普通用户提供了创新的AI绘画工具。本节主要介绍使用文心一格小程序进行AI绘画的操作方法。

10.3.1　设计二次元漫画少女图片

对于喜欢二次元文化的人，漫画少女图片是一种重要的娱乐和放松方式，它们色彩鲜艳、造型独特，融合了绘画、设计、色彩等多种元素，展现出了独特的审美价值，对艺术家和设计师来说，这些图片可以提供灵感和创意，促进艺术的创新和发展。

扫码看教学视频

在商业领域，二次元漫画少女图片被广泛应用于广告、游戏、动漫、玩具等产品的推广中，它们能够吸引目标消费群体的注意，增加产品的吸引力和销量。同时，这些图片也成了塑造品牌和营销的重要手段之一，效果如图10-17所示。

图 10-17　效果欣赏

下面介绍使用文心一格小程序设计二次元漫画少女图片的操作方法。

步骤01 打开"微信"界面，从上往下滑动界面，进入"最近"界面，点击"搜索"按钮，如图10-18所示。

步骤02 输入需要搜索的内容"文心一格"，如图10-19所示，即可显示搜索到的小程序。

步骤03 点击"文心一格"小程序，进入"文心一格"界面，点击"二次元画室"缩略图，如图10-20所示。

图 10-18　点击"搜索"按钮　　图 10-19　显示搜索到的小程序　　图 10-20　点击相应的缩略图

步骤 **04** 进入"二次元画室"界面，输入相应的提示词，指导AI生成特定的图像，在下方设置"尺寸"为"竖图"，如图10-21所示。

步骤 **05** 点击"立即生成"按钮，即可生成4张二次元漫画少女图片，效果如图10-22所示。

图 10-21　设置"尺寸"为"竖图"

图 10-22　生成 4 张二次元漫画少女图片

10.3.2　设计科幻动画片场景图片

科幻动画片往往构建了一个与现实世界不同的虚构宇宙或未来世界，场景图片通过精细的设计和描绘，能够生动地展现这个虚构世界的风貌、建筑风格、科技水平等，从而帮助观众快速融入并理解这个新的世界观。在一些学校或教育机构的课程中，科幻动画被用作教学材料，帮助学生理解复杂的概念或理论，效果如图10-23所示。

扫码看教学视频

图 10-23　效果欣赏

下面介绍使用文心一格小程序设计科幻动画片场景图片的操作方法。

步骤01 打开"文心一格"小程序，进入"文心一格"界面，点击底部的"AI创作"按钮，如图10-24所示。

步骤02 进入"AI创作"界面，在上方输入相应的提示词，指导AI生成特定的图像，在下方设置"尺寸"为"横图"，如图10-25所示，点击"立即生成"按钮，即可生成4张科幻动画片场景的横图。

图10-24　点击"AI创作"按钮

图10-25　设置"尺寸"为"横图"

10.3.3　设计创意的网站首页图片

网站首页图片是用户进入网站后首先看到的内容之一，因此它们具有强大的吸引力。高质量、引人注目的图片能够立即抓住用户的注意力，激发他们继续浏览网站的兴趣。通过选择与品牌形象相符的图片，可以进一步强化品牌形象，主要包含品牌标志、色彩搭配、风格元素等，使用户在浏览网站时能够感受到品牌的独特魅力和价值观。图10-26所示为一个汽车网站的首页宣传图片，效果大气，具有吸引力。

扫码看教学视频

图10-26　效果欣赏

下面介绍使用文心一格小程序设计创意网站首页图片的操作方法。

步骤01 进入"文心一格"界面，点击底部的"AI创作"按钮，进入"AI创作"界面，输入相应的提示词，指导AI生成特定的图像，如图10-27所示。

步骤02 设置"尺寸"为"横图"，如图10-28所示，点击"立即生成"按钮，即可生成4张网站首页横图效果。

图 10-27　输入相应的提示词

图 10-28　设置"尺寸"为"横图"

10.3.4　设计节日活动的 AI 艺术字

艺术字通过独特的造型、色彩和布局，能够迅速吸引人们的注意力。在节日活动中，使用艺术字作为海报、横幅、邀请函或现场装饰的一部分，能够瞬间提升画面整体的视觉效果，让活动更加引人注目。图10-29所示为使用文心一格小程序为母亲节活动设计的AI艺术字。

扫码看教学视频

图 10-29　效果欣赏

下面介绍使用文心一格小程序设计节日活动AI艺术字的操作方法。

步骤 01 进入"文心一格"界面，点击"AI艺术字"缩略图，如图10-30所示。

步骤 02 进入"AI创作"界面，切换至"AI艺术字"选项卡，输入中文"爱"，并输入相应的提示词，指导AI生成特定的图像，如图10-31所示。

步骤 03 点击"立即生成"按钮，即可生成4张AI艺术字图片，效果如图10-32所示。

图 10-30 点击相应的缩略图

图 10-31 输入相应的内容

图 10-32 生成 AI 艺术字图片

第 11 章

天工 AI：轻松生成高质量图像

　　天工 AI 是由 A 股上市公司昆仑万维研发的一款对话式 AI 助手，它不仅在国内 AI 搜索领域占据领先地位，还融入了先进的生成式 AI 技术，为用户提供了高效、智能、全面的搜索体验，凭借其强大的功能和广泛的应用场景受到了用户的广泛好评。本章将全面介绍天工 AI 的核心功能与操作界面，并对其常用功能与擅长的领域以案例的形式进行了讲解。

11.1　全面介绍：天工AI的核心功能与页面讲解

天工AI是一款功能强大、智能化程度高、应用广泛的AI搜索产品，其背后依托的是昆仑万维在AI领域的深厚技术积累和不断创新的精神。本节将对天工AI的核心功能与主页进行详细讲解，为用户带来更加便捷、高效、智能的职场体验。

11.1.1　天工 AI 的核心功能介绍

扫码看教学视频

天工AI作为一款集成了高级人工智能技术的智能助手，其核心功能丰富多样，涵盖了自然语言处理、创意写作、实时搜索、数据挖掘、用户画像、逻辑推演、代码编程及AI图片生成等多个方面，这些功能相互支撑，共同构成了天工AI强大的智能助手体系，为用户提供全面、高效、智能的信息处理和决策支持服务。

下面以图解的方式介绍天工AI的8个核心功能，如图11-1所示。

自然语言处理与语义理解	天工AI能够准确理解用户输入的自然语言，包括复杂的句式和隐含的意义，这得益于其强大的自然语言处理技术和语义理解模型。用户通过自然语言与天工AI进行交互，无须复杂的指令或关键词，即可获得所需的答案或服务
创意写作与文案生成	天工AI不仅能够撰写规范的商务邮件和报告，还能创作富有创意的故事、诗歌及各类文案，可以满足用户多样化的创作需求。广告营销、品牌宣传、自媒体创作等领域均可利用天工AI的创意写作功能，提高文案质量和创作效率
实时搜索与跨语言搜索	天工AI能够实时从互联网上检索最新的信息，确保用户获得的数据是最新的。同时，它还支持多种语言的搜索，帮助用户获取全球信息。学术研究、市场调研、跨境电商等领域均可利用天工AI的实时搜索功能，快速获取所需信息
数据挖掘与预测分析	天工AI能够从大量数据中帮助用户洞察市场趋势。此外，它还能利用历史数据进行预测分析，为用户提供未来发展趋势的参考。金融投资、企业管理、市场分析等领域均可利用天工AI的数据挖掘和预测分析功能，辅助决策和战略制定
用户画像与定制推荐	天工AI通过分析用户的行为和偏好，可以建立详细的用户画像。基于用户画像，它还能提供个性化的内容和服务推荐。电商平台、社交媒体、在线教育等领域均可利用天工AI的用户画像和定制推荐功能，提升用户体验和黏性
逻辑推演与数理推算	天工AI具备逻辑推理能力，可以帮助用户进行问题的分析和解决，辅助用户制定相关决策。同时，对于数学和物理问题，它还能进行复杂的计算和推导

图 11-1

代码编程与AI图片生成 → 天工AI还能辅助用户进行代码编写，提高编程效率。此外，它还提供AI图片生成功能，能够生成具有多种风格和元素的画作。用户只需输入相应的提示词，即可快速生成符合个人或项目要求的图片，大大提高了工作效率

AI识图与文档解析 → 天工AI能够解析图像内容，提供详细的图文对话。同时，它还能对文档进行解析，快速生成AI摘要和要点提炼。医疗影像分析、教育资料整理、法律文件审查等领域均可利用天工AI的AI识图和文档解析功能，提高处理效率和准确性

图 11-1　天工 AI 的核心功能

11.1.2　天工 AI 页面中的功能讲解

"天工AI"的主页中集成了多项人工智能技术，旨在为用户提供智能化的服务和解决方案，网页页面布局清晰，结构合理，注重用户体验和交互设计，使用户能够快速上手并找到所需功能。"天工AI"主页中的主要功能模块如图11-2所示。

扫码看教学视频

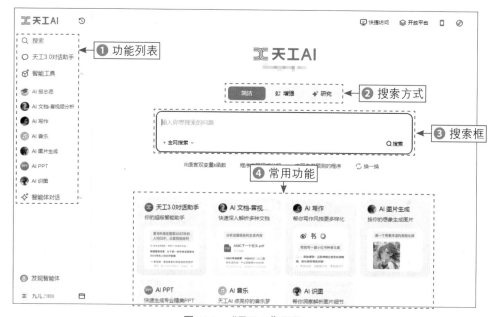

图 11-2　"天工 AI"页面

下面对"天工AI"主页中的主要功能模块进行相关讲解。

❶ 功能列表：在该列表框中显示了天工AI的主要功能，用户可以进行搜索、AI报志愿、AI文档-音视频分析、AI写作、AI音乐、AI图片生成、AI PPT、AI识图等操作。

❷ 搜索方式：天工AI提供了3种搜索方式，即"简洁""增强""研究"模

式，用户可根据需要选择相应的搜索方式得到想要的结果。

❸ 搜索框：用户可以在此输入关键词或问题，单击右侧的"搜索"按钮，即可进行全网信息极速搜索或启动AI对话。

❹ 常用功能：页面下方显示了天工AI的常用功能与案例展示，帮助大家更好地了解天工AI的功能，用户可根据需要进行快速选择。

★ 专家提醒 ★

天工 AI 的主页中提供了丰富的功能选择，满足用户在不同场景下的多样化需求，用户可以根据自己的需求选择相应的功能模块进行操作。

11.2　常用功能：文本生成图片、模板生成图片

天工AI除了基本的搜索功能，还具备多种实用的功能，其中"AI图片生成"功能允许用户通过输入自然语言，快速生成高质量的图片。本节主要介绍天工AI网页版在图片生成方面的应用，帮助大家快速创作出理想的画作。

11.2.1　设计电商模特图片

模特图片在电商销售中扮演着至关重要的角色，它们不仅提升了商品的视觉效果和品质印象，还激发了买家的购买欲望和信任感，促进了流量的转化和销量的提升。模特图片作为描述商品的辅助手段，可以帮助买家更全面地了解商品的特点和优势，通过结合文字描述和模特图片，卖家可以更准确地传达商品信息，提高买家的购买满意度，效果如图11-3所示。

扫码看教学视频

图 11-3　效果欣赏

下面介绍使用天工AI设计电商模特图片的操作方法。

步骤01 在"天工AI"首页中，单击"AI图片生成"缩略图，如图11-4所示。

图 11-4　单击"AI图片生成"缩略图

步骤02 执行操作后，进入"AI图片生成"页面，页面底部显示了一个输入框，在其中输入相应的提示词，指导AI生成特定的图像，如图11-5所示，单击发送按钮，即可生成一张电商模特图片。

图 11-5　输入相应的提示词

★ 专家提醒 ★

　　在淘宝等电商平台上，模特图片是吸引买家点击和浏览的重要因素之一，优秀的模特图片能够吸引更多的买家点击和浏览商品详情页，进而促进流量的转化和销量的提升。

扫码看教学视频

11.2.2　设计可爱宠物图片

在商业领域，宠物类图片经常被当作广告和推广的素材，它们能够吸引消费者的注意力，增加产品的吸引力和好感度，从而促进销售。一些宠物店也可以使用一些可爱的宠物图片来吸引顾客，效果如图11-6所示。

图 11-6　效果欣赏

步骤01 在"天工AI"首页左侧的功能列表中，选择"AI图片生成"选项，如图11-7所示。

步骤02 执行操作后，进入"AI图片生成"页面，在底部的输入框中输入相应的提示词，指导AI生成特定的图像，如图11-8所示。

步骤03 单击发送按钮 ，即可生成一张可爱的兔子图片，效果如图11-9所示，兔子以其温顺可爱的形象深受人们喜爱。

图 11-7　选择相应选项

输入

一只可爱的小兔子坐在绿草上，周围是阳光和茂盛的植被，背景以模糊的自然风光为特色，辅以柔和的灯光，营造出一种整体温暖的氛围，特写镜头详细捕捉到了兔子可爱的表情，这张照片是用佳能EOS R5相机拍摄的，带有自然摄影风格的微距镜头

内容由 AI 生成，不能保证真实

图 11-8　输入相应的提示词

图 11-9　生成一张可爱宠物图片

★ 专家提醒 ★

　　一些宠物用品店、养殖场、动物保护组织等机构，会通过展示兔子图片来吸引潜在客户或支持者的关注。通过兔子宠物图片，人们可以学习到不同品种兔子的知识，包括它们的外观特征、习性、饲养方法等，这对想要养兔子或对兔子感兴趣的人来说，是一种直观且便捷的学习方式。

11.2.3　设计房产建筑图片

扫码看教学视频

　　房产建筑图片可以直观地展示建筑设计师的想法和设计方案，使客户能够清晰地看到建筑的外观、内部布局、颜色、材料等各方面的细节，这种直观的展示方式有助于客户更好地理解设计师的设计思路，从而做出更明智的决策，效果如图 11-10 所示。

　　下面介绍使用天工AI设计房产建筑图片的操作方法。

步骤01 在"天工 AI"首页左侧的功能列表中，选择"AI图片生成"选项，进入"AI图片生成"页面，在输入框中输入相应的提示词，指导 AI 生成特定的图像，如图 11-11 所示。

图 11-10　效果欣赏

中国宜昌的高层建筑矗立在蓝天背景下，前景是一片湖，水面映着绿树和现代建筑，创造了用高清摄影捕捉到的美丽景色，真实摄影风格，高质量，8K分辨率　← 输入

内容由 AI 生成，不能保证真实

图 11-11　输入相应的提示词

步骤02 单击发送按钮，即可生成一张房产建筑图片，效果如图11-12所示。通过该图片，设计师可以让客户看到建筑的外观及周围的环境，有助于提升项目的知名度和影响力。

图 11-12　生成一张房产建筑图片

图 11-13　效果欣赏

11.2.4　设计电影特效草图

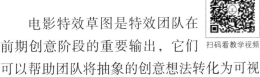

扫码看教学视频

电影特效草图是特效团队在前期创意阶段的重要输出，它们可以帮助团队将抽象的创意想法转化为可视化的图像，能够直观地展示特效的初步构想，促进团队之间的理解和协作，为后续的特效制作提供明确的方向和参考，效果如图11-13所示。

★ 专家提醒 ★

电影特效草图作为导演、特效师、美术指导等团队成员之间的沟通工具，可以帮助团队在前期就发现和解决潜在的问题，减少后期制作中的试错次数，从而节省影视制作的成本和时间。

下面介绍使用天工AI设计电影特效草图的操作方法。

步骤 **01** 在"天工AI"首页左侧的功能列表中，选择"AI图片生成"选项，进入"AI图片生成"页面，单击右上角的"模板"按钮，如图11-14所示。

步骤 **02** 弹出"模板大全"面板，在其中选择一种电影特效模板，如图11-15所示。

图 11-14　单击"模板"按钮　　　　　　图 11-15　选择一种电影特效模板

步骤 **03** 执行操作后，即可使用模板中的提示词自动生成同类型的电影特效草图，效果如图11-16所示。

图 11-16　生成同类型的电影特效草图

11.3 擅长领域：产品广告、电商主图、活动海报

天工AI已经应用于多个领域，如工业制造、金融服务、医疗健康、教育培训等，推动各行各业的智能化升级，可以满足用户在学习、工作、生活等多个场景下的需求。本节主要介绍使用天工AI App进行AI绘画的操作方法。

11.3.1 设计美妆产品广告

美妆产品广告通过精美的设计，能够迅速抓住目标受众的注意力，从而提升美妆品牌的知名度。美妆产品广告是推广新产品的有效方式，可以通过图片和文字等多种形式展示产品的特点和优势，吸引消费者的兴趣，效果如图11-17所示。

扫码看教学视频

图 11-17　效果欣赏

下面介绍使用天工AI App设计美妆产品广告的操作方法。

步骤 01 打开天工AI App，在"对话"界面中，选择"AI图片生成"选项，如图11-18所示。

步骤 02 进入"AI图片生成"界面，在输入框中输入相应的提示词，指导AI生成特定的图像，点击"发送"按钮，即可生成美妆产品广告图片，效果如图11-19所示。通过该图片，可以直接引导消费者进入品牌官网或电商平台的产品页面，方便消费者进一步了解产品。

图 11-18　选择"AI 图片生成"选项

图 11-19　生成一张产品广告图片

11.3.2　设计电商产品主图

在信息爆炸的时代，人们的注意力非常有限，一张精美、创意独特的商品主图能够迅速吸引目标消费者的注意力，让他们在众多选项中首先注意到你的产品，能够激发消费者的购买欲望，促进销售转化，效果如图11-20所示。

扫码看教学视频

图 11-20　效果欣赏

下面介绍使用天工AI App设计电商产品主图的操作方法。

步骤01 打开天工AI App，在"对话"界面中，选择"AI图片生成"选项，进入"AI图片生成"界面，在输入框中输入相应的提示词，指导AI生成特定的图像，如图11-21所示。

步骤02 点击"发送"按钮，即可生成耳机的商品主图，效果如图11-22所示。用户还可以在后期处理软件（Photoshop）中为商品主图添加文字效果，使主题更突出。

图 11-21 输入相应的提示词

图 11-22 生成一张耳机商品主图

11.3.3 设计中秋节海报图片

中秋节作为中国传统节日，其海报图片往往通过传统元素（如月亮、嫦娥、玉兔、桂花、灯笼、月饼等）的巧妙结合，营造出浓厚的节日氛围。这种氛围能够迅速将人们带入中秋佳节的情境，增强节日的喜庆感和归属感，效果如图11-23所示。

扫码看教学视频

这张中秋节海报图片的提示词为"设计一张温馨团圆风格的海报，背景采用满月与云彩的夜空，中央绘制一个温馨的场景，桌上摆放月饼、桂花酒等传统元素，书写'中秋'"。

图 11-23 效果欣赏

用户通过天工AI生成比较满意的图片后，就可以在后期处理软件（Photoshop）中为图片添加相应的主题、时间、地点、内容等关键信息，引导人们了解和参与相关活动。

11.3.4 设计游戏场景图片

通过游戏场景宣传图片，玩家可以初步了解游戏所处的时代、地域、文化背景等，营造出特定的游戏氛围，为整个游戏故事提供一个宏观的背景框架。使用天工AI生成游戏场景图片可以为游戏开发带来更多的便利和可能性，丰富游戏内容，提高开发效率，增加游戏的可玩性，推动游戏行业的发展，效果如图11-24所示。

扫码看教学视频

图11-24　效果欣赏

　　这张游戏场景图片的提示词为"幻想森林，橙色小狐狸探险记。茂密树影间，迷宫石碑指引方向。清澈的水面映倒影，童话氛围浓厚。每一步充满未知，古老的符号引领冒险。探索未知，挑战心跳，尽享童话世界之趣"。丰富的场景细节和独特的视觉风格能够激发玩家的好奇心和探索欲望，促使他们深入游戏世界，寻找隐藏的秘密和宝藏。

★ 专家提醒 ★

　　由于本书篇幅有限，只对天工AI的"AI图片生成"功能进行了详细介绍，但天工AI还有许多其他的智能工具，例如AI报志愿、AI文档、AI写作、AI音乐、AI PPT、AI识图等，用户可根据实际需要进行尝试和使用。

第 12 章

讯飞星火：你手中的绘画大师

讯飞星火是科大讯飞公司推出的一款 AI 大语言模型，旨在通过先进的人工智能技术提升自然语言处理能力，帮助用户快速完成各种任务。该工具自发布以来，凭借其强大的功能和广泛的应用场景，受到了广泛关注。本章将全面介绍讯飞星火的核心功能与操作页面，并对其常用功能与擅长的领域以案例的形式进行了讲解。

12.1 全面介绍：讯飞星火的核心功能与页面讲解

讯飞星火通过技术的不断迭代和功能升级，已经在语言理解、文本生成、多模态能力等方面展现出强大的实力。其多端支持、丰富的AI助手、实时搜索和语音输入等功能，使其在实际应用中表现出色，成了人们生活和工作中的智能助手。本节将对讯飞星火的核心功能与操作页面进行详细讲解，帮助用户快速提升工作效率。

12.1.1 讯飞星火的核心功能介绍

扫码看教学视频

讯飞星火大模型具备7大核心能力，包括文本生成、语言理解、知识问答、逻辑推理、数学能力、绘画大师和代码生成等，这些能力在多个国际主流测试集中表现优异。下面以图解的方式对讯飞星火的核心功能进行相关分析，如图12-1所示。

文本生成	➡	具备多风格、多任务的文本生成能力，能够支持发言稿、邮件、营销方案等多种类型的文案写作，能够生成流畅、自然且具有针对性的文本内容
语言理解	➡	拥有强大的语言理解能力，能够准确理解用户输入的文本信息，包括语义、语境和情感等，支持跨语种的语言理解，能够准确区分同一单词、语句在不同场景下的含义
知识问答	➡	具备泛领域开放式知识问答能力，能够回答医疗、科技、商业等多个领域的知识性问题。通过广泛学习和积累知识，模型能够为用户提供准确、全面的答案
逻辑推理	➡	在逻辑推理方面表现出色，能够基于输入的信息进行情景式思维链逻辑推理，得出合理的结论。适用于需要逻辑推理能力的场景，如法律、科研、决策支持等领域
数学能力	➡	具备多题型可解析的数学能力，能够处理包括基础数学运算、代数问题、几何问题等在内的多种数学题型。通过学习和理解数学规则和逻辑，模型能够给出准确的答案和解题步骤
绘画大师	➡	用户只需输入一段文字描述，绘画大师就能根据这些输入自动生成相应的画作，无论是写实、抽象还是卡通风格，它都能轻松应对，生成的画作细节丰富，色彩鲜艳，充满创意
代码生成	➡	具备多功能、多语言代码生成能力，能够根据用户的需求生成多种编程语言的代码。目前，星火的代码生成能力主要针对工业互联网、企业内部的应用场景，广泛应用于软件开发、自动化测试、数据分析等领域

图 12-1 讯飞星火的核心功能

12.1.2　讯飞星火页面中的功能讲解

讯飞星火网页版是一个集成了多种AI功能的平台，为用户提供了便捷、高效的创作和辅助工具，用户可以通过简单的操作实现智能写作、图片生成、素材查找、文章预览等功能。"讯飞星火"页面中的主要功能模块如图12-2所示。

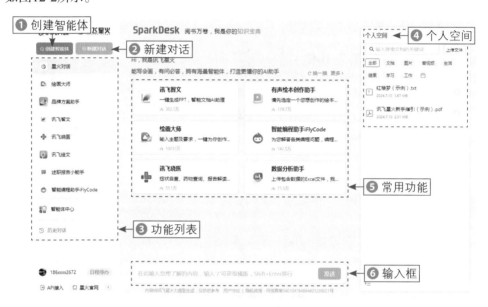

图 12-2　"讯飞星火"页面

下面对"讯飞星火"页面中的主要功能进行相关讲解。

❶ 创建智能体：单击该按钮，用户可以根据自己的需求创建个性化的智能体。这些智能体可以执行各种任务，如信息检索、问答、任务处理、生成内容等，从而满足用户在工作、学习、生活中的多样化需求。

❷ 新建对话：单击该按钮，可以启动一个新的对话。用户输入想要与讯飞星火进行交互的内容，从而开始一个新的对话流程。

❸ 功能列表：在该列表中显示了讯飞星火的主要功能，如绘画大师、讯飞智文、讯飞晓医、讯飞绘文及述职报告小能手等，可以帮助人们快速提升工作效率。

❹ 个人空间：用户通过"个人空间"面板，可以上传自己的Word、PDF、PPT、Excel表格、图片、音频与视频等文件，形成一个专属的知识库。上传的文件会在"个人空间"面板中自动分类，如文档、图片、音视频等，方便用户快速查找和管理。

❺ 常用功能：在该区域中显示了讯飞星火的常用功能，并对相关功能进行了简单介绍，同时显示了功能的热门程度。

❻ 输入框：用户在输入框中可以输入问题、指令或相关内容，讯飞星火会对用户的问题或指令进行解析，并给出相应的回答或执行相应的操作。

12.2　常用功能：文生图、重新生成、有声绘本

讯飞星火自2023年5月6日发布以来，不断迭代升级，从V1.5到V4.0，每一次迭代都带来了多项能力的提升和功能的优化，提供星火对话、绘画大师、讯飞智文及讯飞绘文等功能，让用户能够更方便地与AI助手进行交互。本节主要对讯飞星火网页版的"绘画大师"功能进行详细介绍，帮助用户一键生成满意的绘画作品。

12.2.1　设计美女展示图片

扫码看教学视频

在商业领域，美女图片常被当作广告的一部分，以吸引目标受众的注意力，这种策略在化妆品、时尚、珠宝、汽车等多个行业中尤为常见。艺术家和设计师也经常使用美女图片作为灵感来源，创作绘画、摄影、雕塑、平面设计、插画等艺术作品。

在健康和美容领域，美女图片常被用来展示产品的效果，或者传递健康的生活方式，激励人们追求更好的自我形象，效果如图12-3所示。

图 12-3　效果欣赏

下面介绍使用讯飞星火设计美女展示图片的操作方法。

步骤01 在"讯飞星火"首页中，选择"绘画大师"选项，如图12-4所示。

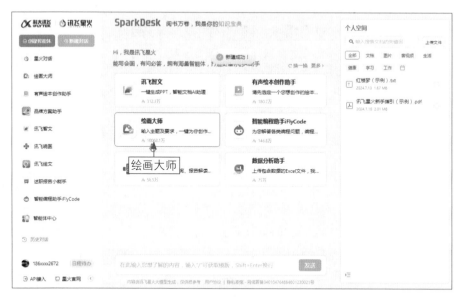

图 12-4 选择"绘画大师"选项

步骤02 执行操作后，进入"绘画大师"页面，页面底部显示了一个输入框，在其中输入相应的提示词，指导AI生成特定的图像，单击"发送"按钮，即可生成一张美女展示图片，如图12-5所示。

图 12-5 生成一张美女图片

12.2.2　设计城市风光全景图片

扫码看教学视频

城市风光全景图片是展示城市全貌、风光和特色的一种重要方式，通常包含城市的标志性建筑、街道、公园、河流、山峦等元素，通过不同的拍摄角度和光线条件，展现城市的独特魅力和韵味，为观众带来震撼的视觉体验。现在，使用讯飞星火即可一键生成唯美的城市风光全景图片，可用于宣传和推广当地旅游资源，效果如图 12-6 所示。

下面介绍使用讯飞星火设计城市风光全景图片的操作方法。

步骤 01 参照上一例的操作方法，在讯飞星火中使用提示词生成一张城市风光全景图片，如果用户对生成的图片不满意，此时可以单击右侧的编辑按钮 ✐，如图12-7所示。

步骤 02 对提示词进行适当修改，单击确认按钮 ✓，如图12-8所示，即可重新生成图片。

图 12-6　效果欣赏

图 12-7　单击右侧的编辑按钮

图 12-8　单击确认按钮

12.2.3　设计素描手绘角色图片

扫码看教学视频

在电影、动画、游戏等娱乐产业中，素描手绘是角色概念设计的重要环节。设计师通过手绘快速捕捉角色的基本形态、性格特征和动态表现，为后续的3D建模、动画制作或服装设计提供基础蓝本。在讯飞星火中设计角色图片时，其表情、姿态和场景背景都能被细致地描绘出来，使观众能够感受到角色的内心世界和情感变化，从而增强作品的感染力和共鸣度，效果如图12-9所示。

图 12-9　效果欣赏

这张素描手绘角色图片的提示词为"请创建一张素描手绘风格的角色图片，角色设定为：一位身着复古长袍，手持法杖的魔法师，眼神深邃，长发随风轻扬"。用户可参考前面案例的操作步骤，通过在"绘画大师"页面中输入提示词生成理想的素描手绘角色图片效果。

这种类型的图片在艺术创作、概念设计、故事叙述、教学学习及商业应用等多个方面都发挥着重要的作用。

12.2.4　设计有声绘本故事图片

扫码看教学视频

有声绘本创作助手是一个基于讯飞星火大模型开发的智能工具，用户可以通过输入指令或故事简介，利用有声绘本创作助手快速生成一个有声绘本故事，这个功能依赖大模型强大的语言理解和生成能力，能够确保故事的连贯性和趣味性。

有声绘本创作助手在教育领域具有广泛的应用前景，教师可以利用该工具制作教学绘本，以更加直观和有趣的方式向学生传授知识。同时，家长也可以利用它陪伴孩子阅读，增进亲子关系。对于喜欢阅读绘本的成年人或儿童，有声绘本创作助手提供了一个便捷的创作平台，让他们能够根据自己的喜好和想象力创作出独一无二的有声绘本，享受创作的乐趣，效果如图 12-10 所示。

图 12-10　效果欣赏

下面介绍使用讯飞星火设计有声绘本故事图片的操作方法。

步骤01 在"讯飞星火"首页左侧的功能列表中，选择"有声绘本创作助手"选项，如图12-11所示。

步骤02 进入"有声绘本创作助手"页面，在"请先选择角色形象"下方选择第1个角色形象，单击"开始共创"按钮，如图12-12所示。

图 12-11　选择"有声绘本创作助手"选项　　　　图 12-12　单击"开始共创"按钮

步骤03 弹出相应的信息，选择"森林冒险"选项，如图12-13所示。

步骤04 执行操作后，即可生成一个森林冒险故事，并自动生成一张相应的角色图片，如图12-14所示。

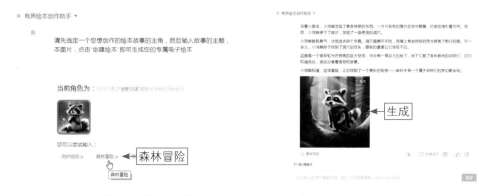

图 12-13　选择"森林冒险"选项　　　　　　图 12-14　自动生成一张相应的角色图片

12.3　擅长领域：室内设计、水墨画、简笔漫画

讯飞星火网页版的"绘画大师"是一个强大的AI绘画工具，它允许用户通过文字描述来生成对应的图片样式。用户只需输入想要创作的图像主题或描述，系统便能自动生成与之匹配的绘画作品，为用户提供了极大的创作便利和想象空间。本节主要介绍使用讯飞星火App进行AI绘画的操作方法。

12.3.1 设计室内装饰图片

扫码看教学视频

室内装饰图片在多个方面发挥着重要的作用，无论是专业室内设计师、家装爱好者，还是普通消费者，室内装饰图片都是不可或缺的资源。不同的室内装饰图片展示了不同的设计风格，如现代简约、北欧风、中式古典等，这些图片为想要打造特定风格家居的人提供了直观的参考，有助于他们在选择装修风格时做出更加明智的决策，效果如图12-15所示。

下面介绍使用讯飞星火App设计室内装饰图片的操作方法。

步骤01 打开讯飞星火App，在界面中选择"一键定制私人画作"选项，如图12-16所示。

步骤02 进入"绘画大师"界面，输入相应的提示词，指导AI生成特定的图像，如图12-17所示。

步骤03 点击发送按钮 ⑦ ，即可生成一张室内装饰图片，效果如图 12-18 所示。

图 12-15　效果欣赏

图 12-16　选择相应的选项

图 12-17　输入相应的提示词

图 12-18　生成一张室内装饰图片

12.3.2 设计田园水墨画

水墨画作为中国传统艺术的重要形式之一，以其独特的笔墨韵味和意境表达，深受人们喜爱。田园水墨画以乡村田园风光为主题，通过简约的线条和墨色变化，营造出宁静、和谐、自然的氛围，给人以美的享受和心灵的慰藉。

在现代家居和商业空间中，田园水墨画常被当作装饰品，为环境增添一份雅致和文化气息。它们可以与各种风格的家具和装饰品相融合，营造出独特的艺术氛围，提升整体空间的审美价值。使用讯飞星火App设计的田园水墨画效果如图12-19所示。

图 12-19　效果欣赏

下面介绍使用讯飞星火App设计田园水墨画的操作方法。

步骤01 打开讯飞星火 App，在界面中点击"图像生成"按钮，如图 12-20 所示。

步骤02 弹出"图像生成"面板，在其中设置"背景"为"田园"、"风格"为"水墨画"，然后输入相应的提示词，指导 AI 生成特定的图像，如图 12-21 所示。

步骤03 点击发送按钮➋，即可生成一张田园水墨画，效果如图 12-22 所示。

图 12-20　点击相应的按钮　　　　图 12-21　输入相应的提示词　　　　图 12-22　生成一张田园水墨画

12.3.3　设计花卉简笔漫画

扫码看教学视频

对儿童来说，花卉简笔漫画是认识和学习花卉的初步工具。通过简单的线条和色彩，孩子们可以轻松地识别出花卉的形状、颜色和特征，从而激发他们对自然界的好奇心和探索欲。在美术教学中，花卉简笔漫画可以作为绘画的参考和范例，学生通过模仿这些花卉简笔漫画，学习如何运用线条、色彩和构图来表现花卉的美感和生命力，效果如图12-23所示。

图 12-23　效果欣赏

下面介绍使用讯飞星火App设计花卉简笔漫画的操作方法。

步骤01 打开讯飞星火App，在界面中点击"图像生成"按钮，弹出"图像生成"面板，在其中设置"背景"为"森林"、"风格"为"简笔漫画"，如图12-24所示。

步骤02 在输入框中，输入相应的提示词，指导AI生成特定的图像，如图12-25所示。

步骤03 点击发送按钮，即可生成一张花卉简笔漫画，效果如图12-26所示。

图 12-24　设置相应的选项

图 12-25　输入相应的提示词

图 12-26　生成花卉简笔漫画图

12.3.4　设计赛博朋克夜景图片

扫码看教学视频

赛博朋克风格以其独特的视觉效果著称，将高科技与低生活、光怪陆离的城市景象与阴暗的街道相结合。而城市夜景图片更是将这种风格发挥到了极致，通过霓虹灯、全息投影、巨大的广告牌等元素，营造出一种既科幻又充满反乌托邦色彩的氛围。对喜欢赛博朋克文化的人来说，这些图片是一种视觉上的享受和对艺术的欣赏，效果如图12-27所示。

图 12-27　效果欣赏

　　下面介绍使用讯飞星火App设计赛博朋克夜景图片的操作方法。

　　步骤01 打开讯飞星火App，在界面中点击"图像生成"按钮，弹出"图像生成"面板，在其中设置"背景"为"城市"、"风格"为"赛博朋克"，如图12-28所示。

　　步骤02 在输入框中，输入相应的提示词，指导AI生成特定的图像，如图12-29所示。

　　步骤03 点击发送按钮❼，即可生成一张赛博朋克夜景图片，效果如图12-30所示。

图 12-28　设置相应的选项

图 12-29　输入相应的提示词

图 12-30　生成赛博朋克夜景图片

第 13 章

360 智绘：提供个性化的商业设计

360 智绘是一款集成了人工智能技术的图像生成平台，由奇虎 360 科技公司推出，旨在为用户提供高效、个性化的图像创作服务。用户通过输入关键词或描述，360 智绘便能够自动生成具有特定风格和特征的图像，满足用户在不同场景下的视觉需求。本章将全面介绍 360 智绘的核心功能与操作页面，并对其常用功能与擅长的领域以案例的形式进行了讲解。

13.1　全面介绍：360智绘的功能与页面讲解

360智绘结合了最新的人工智能技术，简化了图像创作过程，让没有专业设计背景的用户也能轻松制作出高质量的视觉内容。本节将对360智绘的核心功能与操作页面进行详细讲解，让用户对360智绘的功能和页面有一个基本的掌握。

13.1.1　360智绘的核心功能介绍

360智绘的核心功能包括文生图、图生图、涂鸦生图、局部重绘及LoRA模型训练等，覆盖了国风、写实、动画、奇幻CG、3D、多彩等多种风格的模型库，用户可以根据自己的需求选择相应的风格进行创作，从而大幅提升产出效率。

扫码看教学视频

下面以图解的方式对360智绘的核心功能进行相关分析，如图13-1所示。

| 文生图 | 用户只需输入一段文字描述，360智绘便能根据这段描述自动生成相应的图像。这一功能充分利用了深度学习算法在图像生成领域的优势，使得没有专业设计背景的用户也能轻松创作出符合自己想象的图像作品 |

| 图生图 | 允许用户上传一张已有的图像作为参考，360智绘便能根据这张图像的风格、色彩等元素，生成具有相似风格的新图像。这一功能为用户提供了更多的创作灵感和可能性，使得图像创作过程更加灵活多变 |

| 涂鸦生图 | 用户可以通过简单的涂鸦或线条勾勒，360智绘便能根据这些涂鸦自动生成完整的图像。这一功能结合了手绘与AI技术的优势，为用户提供了更加自由、随性的创作方式。用户可以将该功能应用于草图创作中，通过涂鸦快速勾勒出想法，360智绘将自动生成完整的图像 |

| 局部重绘 | 局部重绘是AI绘画领域的一项革命性技术。在360智绘中，用户可以对已生成的图像进行局部修改或重新绘制，而无须对整个图像进行重新生成。这一功能大大提高了图像编辑的效率和精确度，使用户可以更加精细地调整图像细节，常用于图像修复、细节调整、创意修改等编辑操作 |

| LoRA模型训练 | LoRA（Low-Rank Adaptation of Large Language Models）是一种轻量级的模型训练方法，可以在不改变原始模型结构的情况下，实现对特定风格或元素的精准控制。在360智绘中，用户可以利用LoRA模型训练功能，上传自己的图像素材或风格样本，训练出专属于自己的风格模型。这一功能为用户提供了高度的定制化和个性化创作能力 |

图 13-1　360智绘的核心功能

13.1.2　360智绘页面中的功能讲解

扫码看教学视频

目前，360智绘主要支持电脑端体验，进入官网后，单击右上角的"登录"按钮，即可进行登录或注册操作。登录成功后，即可使用360智绘的核心功能进行生图创作。

"360智绘"页面中的主要功能模块如图13-2所示。

图13-2　"360智绘"页面

下面对"360智绘"页面中的主要功能模块进行相关讲解。

❶ 导航栏：位于页面顶部，包含各个功能模块的入口，如"首页""创意画廊""AI工具集"等，单击相应的标签，即可进入相应的页面。

❷ 核心功能：包括文生图、图生图、涂鸦生图、局部重绘等核心功能，用户可根据自己的实际需要选择相应的功能进行AI创作。

❸ 常用工具：包括丑萌黏土风、AI抠图、AI消除及AI写真等常用工具，选择相应的工具即可进行AI编辑与写真创作。

❹ 搜索栏：在搜索栏中输入相应的内容，即可搜索相应的AI作品。

13.2　常用功能：文生图、图生图、局部重绘

360智绘作为一款集成了人工智能技术的图像生成平台，具有多样化的功能和使用场景，能够帮助用户快速生成各类图像，提高图像的设计效率。本节将对360智绘的常用功能进行讲解，包括文生图、图生图、涂鸦生图及局部重绘等。

13.2.1 设计夏日橙汁商品海报

扫码看教学视频

在琳琅满目的商品中，一张设计精美、色彩鲜艳的夏日橙汁海报能够迅速抓住顾客的眼球，激发他们的好奇心和购买欲望。通过视觉上的冲击，让顾客在众多商品中一眼就注意到这款橙汁。使用明亮的橙色、清凉的海浪及冰块等设计元素，可以营造出一种夏日清爽、解渴的氛围，让顾客在情感上与产品产生共鸣，增加购买的冲动，效果如图13-3所示。

★ 专家提醒 ★

一张成功的夏日橙汁商品海报能够直接促进产品销量的增长，提升销售业绩，为商家带来实实在在的收益，而使用360智绘可以快速提升海报的设计效率，节省设计成本。

下面介绍使用360智绘的"文生图"功能设计夏日橙汁商品海报的操作方法。

步骤01 打开"360智绘"主页，在其中单击"文生图"缩略图，如图13-4所示。

步骤02 进入"文生图"页面，输入相应提示词，指导AI生成特定的图像，如图13-5所示。

图 13-3 效果欣赏

图 13-4 单击"文生图"缩略图

图 13-5 输入相应提示词

步骤 **03** 单击"立即生成"按钮，即可生成相应的商品海报效果，如图13-6
所示。

图 13-6　生成商品海报效果

13.2.2　设计一款女士高跟鞋

　　高跟鞋是时尚界不可或缺的元素之一，它们以多样化的款式、材
质、颜色和高度，为女性提供了丰富的选择来搭配不同的服装和场合。

扫码看教学视频

设计独特的高跟鞋能够凸显女性的优雅、性感或个性，成为整体造型的亮点。设计
师可以通过360智绘来设计女士高跟鞋，有助于设计师探索不同材质和色彩组合的
效果，从而选择最佳方案，效果如图13-7所示。

图 13-7　效果欣赏

下面介绍使用360智绘的"图生图"功能设计一款女士高跟鞋的操作方法。

步骤01 打开"360智绘"主页，在其中单击"图生图"缩略图，进入"图生图"页面，单击"点击/拖曳上传照片"按钮，如图13-8所示。

步骤02 弹出"打开"对话框，在其中选择一张需要参考的高跟鞋图片，如图13-9所示。

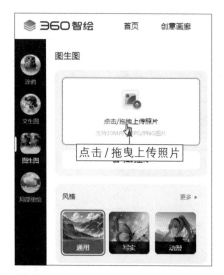

图 13-8　单击"点击/拖曳上传照片"按钮　　　　图 13-9　选择参考图片

步骤03 单击"打开"按钮，即可上传参考图片，显示在页面中，在下方设置"风格"为"写实"，表示以真实的摄影风格生成相应的图片，单击"立即生成"按钮，即可通过"图生图"功能设计一款女士高跟鞋，效果如图13-10所示。

图 13-10　设计的女士高跟鞋效果

13.2.3　设计柠檬茶饮料产品

在360智绘中，通过"涂鸦生图"功能可以在"涂鸦"页面中导入相应的素材，或者自由绘制图形与线条，随后利用AI算法将涂鸦内容转化为具有艺术感或特定风格的图像。这一功能旨在为用户提供更加直观、灵活的创作方式，将传统的手绘涂鸦与AI技术的强大能力相结合，设计出用户满意的图像效果，如图13-11所示。

图 13-11　柠檬茶饮料产品图片效果

下面介绍使用360智绘的"涂鸦生图"功能设计柠檬茶饮料产品图片的操作方法。

步骤01 打开"360智绘"主页，在其中单击"涂鸦生图"缩略图，进入"涂鸦"页面，单击"图片"按钮，如图13-12所示。

步骤02 执行操作后，弹出"打开"对话框，在其中选择一张PNG格式的图片素材，如图13-13所示，单击"打开"按钮。

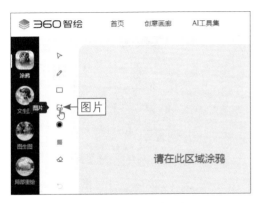

图 13-12　单击"图片"按钮

图 13-13　选择一张图片素材

步骤03 执行操作后,即可上传图片素材,调整图片的大小和位置,此时在右侧的效果欣赏区域中,可以查看涂鸦后的图像效果,如图13-14所示。

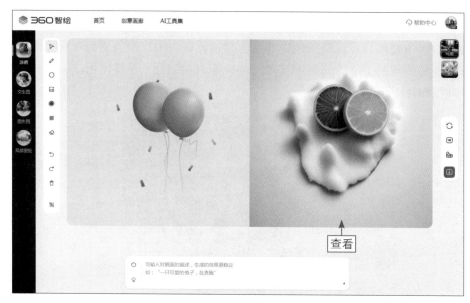

图 13-14 查看涂鸦后的图像效果

步骤04 在下方输入相应的提示词,指导AI生成特定的图像,在工具箱中选取画笔工具,在左侧的涂鸦区域中,按住鼠标左键并拖曳,进行涂鸦绘制,在右侧区域即可查看涂鸦后的图像效果,如图13-15所示。

图 13-15 查看涂鸦后的图像效果

13.2.4 设计女士包包装饰品

在360智绘中，通过"局部重绘"功能可以在已经设计好的女士包包上，重新绘制出相应的装饰品，如挂钩、拉链扣、吊坠等，拓展女士包包的创意设计，提升包包的整体美感和档次，使包包更加美观和吸引人，原图与效果图对比如图13-16所示。

图 13-16 原图与效果图对比

下面介绍使用360智绘的"局部重绘"功能设计女士包包装饰品的操作方法。

步骤01 进入"局部重绘"页面，上传一张图片素材，并设置"标记修改区域"为"涂抹"，如图13-17所示，以涂抹的方式进行涂鸦绘制。

图 13-17 设置"标记修改区域"为"涂抹"

步骤02 设置"笔刷大小"为43，然后在女士包包上进行适当涂抹，涂抹的区域表示需要重绘的区域，输入相应的提示词，指导 AI 生成特定的图像，如图 13-18 所示。

图 13-18 输入相应的提示词

步骤03 单击"立即生成"按钮，即可重绘相应的图像区域，效果如图13-19所示。

图 13-19 重绘相应的图像区域

13.3 擅长领域：珠宝、玩具、美食、产品宣传

　　360智绘在图像创作方面具有强大的能力，特别是针对营销场景，能够满足垂直行业的个性需求，生成高质量且简单易用的营销素材，非常适合用于广告设计、社交媒体等场景。本节将介绍360智绘在珠宝、玩具、美食及产品宣传等方面的具体应用。

13.3.1　设计一款珠宝钻戒款式

钻戒作为爱情的象征，其设计往往能深刻表达情侣间的情感。独特的款式设计能够反映出两人之间的爱情故事、共同喜好或特殊纪念日等，使钻戒成为独一无二的情感载体。AI工具能够基于输入的参数和设计师的初步构想，迅速生成多种设计方案，这种高效的设计流程大大缩短了传统设计中的手动绘图和修改时间，使设计师能够更快地优化设计方案。

图13-20所示为使用360智绘设计的一款珠宝钻戒款式，造型精美，高贵奢华。

下面介绍使用360智绘设计一款珠宝钻戒款式的操作方法。

图 13-20　效果欣赏

步骤01 进入"文生图"页面，输入相应的提示词，指导AI生成特定的图像，在下方设置"比例"为1∶1，表示让AI生成方图，如图13-21所示。

步骤02 设置"风格"为"写实"，表示以真实的摄影风格呈现图像效果，单击"立即生成"按钮，如图13-22所示，即可自动生成一张珠宝钻戒图片。

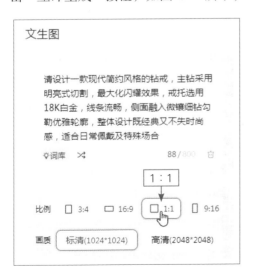

图 13-21　设置"比例"为 1∶1

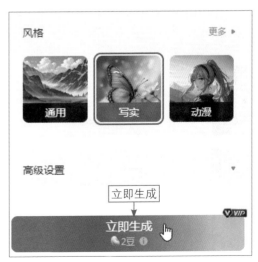

图 13-22　单击"立即生成"按钮

13.3.2　设计一款儿童玩具模型

扫码看教学视频

AI工具能够基于海量数据和算法，生成各种新颖、独特的玩具模型，这些模型设计往往融合了现代科技、艺术元素和儿童心理学原理，能够激发孩子们的创造力和想象力，引导他们探索未知的世界，培养好奇心和求知欲。传统的玩具设计需要设计师进行大量的手绘、建模和修改工作，耗时耗力。而AI工具则能够自动化处理这些烦琐的任务，快速生成高质量的玩具图片，轻松获得满意的设计效果，大大提升设计效率，效果如图13-23所示。

图 13-23　效果欣赏

下面介绍使用360智绘设计一款儿童玩具模型的操作方法。

步骤01 进入"图生图"页面，单击"点击/拖曳上传照片"按钮，弹出"打开"对话框，选择一张参考图片，单击"打开"按钮，即可上传参考图片，如图13-24所示。

步骤02 在下方设置"风格"为"写实"，表示以真实的摄影风格呈现图像效果，输入相应的提示词，指导AI生成特定的图像，单击"立即生成"按钮，如图13-25所示，即可自动生成一款儿童玩具模型。

图 13-24　上传参考图片

图 13-25　单击"立即生成"按钮

13.3.3　设计餐厅美食广告图片

扫码看教学视频

美食广告图片不仅是菜品的展示，更是餐厅整体氛围和情感的传递。一张精美、诱人的美食广告图片能够迅速抓住潜在顾客的眼球，激发他们

的兴趣和好奇心。在社交媒体、在线订餐平台或实体店面中，这样的图片往往能够脱颖而出，成为顾客选择餐厅的重要因素之一。图13-26所示为使用360智绘设计的一张餐厅美食广告图片，高端、大气、上档次。

下面介绍使用360智绘设计餐厅美食广告图片的操作方法。

图 13-26　效果欣赏

步骤01 进入"文生图"页面，输入相应的提示词，指导AI生成特定的图像，在下方设置"比例"为1：1，表示让AI生成方图，如图13-27所示。

步骤02 设置"画质"为"高清（2048*2048）"，表示生成高清图片；设置"风格"为"写实"，表示以真实的摄影风格呈现图像效果，如图13-28所示。

步骤03 单击"立即生成"按钮，即可生成一张餐厅美食广告图片。用户可根据需要在后期处理软件中对图片的尺寸进行适当裁剪，然后添加相应的广告文字，使效果更加引人注目。

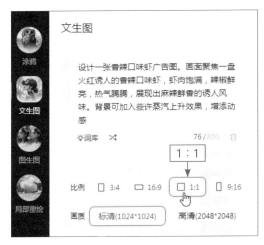

图 13-27　设置"比例"为1：1

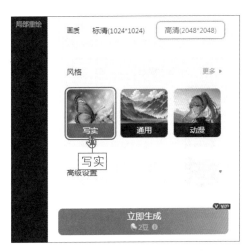

图 13-28　设置"风格"为"写实"

13.3.4　设计手机产品宣传图片

扫码看教学视频

手机产品宣传图片在手机市场推广和销售过程中具有重要的作用，这些图片不仅展示了产品的外观、特性和功能，还通过视觉艺术吸引了潜在消费者的注意，激发他们的购买欲望。图13-29所示为使用360智绘设计的手机产品宣传图片，为营销活动提供了有力的支持。

图 13-29　效果欣赏

下面介绍使用360智绘设计手机产品宣传图片的操作方法。

步骤01 进入"文生图"页面，输入相应的提示词，指导AI生成特定的图像，在下方设置"比例"为16：9，表示让AI生成横图，如图13-30所示。

步骤02 展开"高级设置"选项区，设置"生成数量"为2，表示生成两张AI图片，如图13-31所示，单击"立即生成"按钮，即可生成两张手机产品宣传图片。

图 13-30　设置"比例"为 16：9

图 13-31　设置"生成数量"为 2

【AI视频篇】

第14章

剪映：视频剪辑的专业工具

　　剪映是抖音推出的一款视频编辑工具，具有功能强大、操作简单且适用场景广泛等特点，是用户进行短视频创作和编辑的得力助手。随着版本的更新，剪映也带来了更多的 AI 视频制作功能，可以帮助用户快速提升视频制作效率，节省剪辑的时间。本章将全面介绍剪映的核心功能与操作界面，并对其常用功能与擅长的领域以案例的形式进行了讲解。

14.1 全面介绍：剪映的功能与界面讲解

剪映是一款集视频剪辑、调色、特效、音频处理等功能于一体的综合性视频编辑软件，它不仅支持手机端操作，还推出了电脑端版本，以满足用户在不同场景下的视频编辑需求。剪映以其丰富的功能、高效的编辑体验和简洁的界面设计，成为众多视频创作者的首选工具。本节主要介绍剪映的AI功能与操作界面，即使是初学者也能快速上手。

14.1.1 剪映的AI功能介绍

扫码看教学视频

剪映作为一款功能全面的视频编辑工具，具有多种AI绘画与视频创作功能，无论是个人创作者还是商业机构，都可以通过剪映来制作出高质量的视频内容。

下面以图解的方式介绍剪映的7个AI常用功能，如图14-1所示。

AI作图与绘画	用户可以通过简单的文字描述，利用剪映的AI技术生成相应的图片或设计元素。这一功能不仅降低了专业作图软件的门槛，还为视频编辑提供了丰富的素材选择
AI视频生成	剪映提供了基于AI技术的视频生成功能，如一键成片、图文成片、剪同款、营销成片等，剪映可以根据用户输入的文案或图片，一键生成高质量的视频内容
AI特效与滤镜	剪映内置了多种AI特效和滤镜，不仅种类丰富，而且操作简单，用户通过简单的操作，即可为视频添加各种特效和滤镜效果，增强视频的观赏性和趣味性
AI智能剪辑	剪映的智能剪辑功能能够自动识别视频中的关键节点和精彩瞬间，并自动进行剪辑和拼接，提高编辑效率，特别适用于游戏攻略视频、Vlog等个人创作场景
AI配音与字幕	剪映的智能配音功能能够根据视频内容自动生成解说词或配音，用户也可以自定义配音内容。同时，剪映还支持自动识别视频中的语音并生成字幕，提高视频的可读性和可理解性
AI商品图	用户可以通过AI商品图功能，将产品图片置于不同的环境当中，提升产品的表现力。这一功能特别适用于电商产品主图、介绍页底图等场景，导入产品图片后将自动完成抠图操作
数字人功能	剪映提供了数字人功能，用户可以选择数字人进行口播来代替自己出镜。这一功能特别适用于不想出境或出境效果不好的视频制作者

图 14-1 剪映的 7 个 AI 常用功能

14.1.2　剪映界面中的功能讲解

扫码看教学视频

　　剪映集成了丰富的视频编辑功能和工具，能够满足用户多样化的编辑需求。简洁明了的界面设计和直观的操作方式，让用户能够轻松上手并快速掌握软件的使用方法。剪映App界面中的主要功能模块如图14-2所示。

图 14-2　剪映 App 主界面

　　下面对剪映App界面中的主要功能模块进行相关讲解。

　　❶ 功能区：其中包括多种剪映功能，如一键成片、图文成片、图片编辑、视频翻译等，选择相应的选项，即可开始创作视频与图片效果。

　　❷ 开始创作：点击该按钮，即可开始导入照片或视频素材，进行内容创作。

　　❸ 试试看：该区域提供了许多模板，用户可以制作或剪辑出同款视频效果。

　　❹ 本地草稿：这是一个草稿箱，其中显示了用户创作过的所有视频。如果用户需要继续编辑之前保存的草稿，只需在"本地草稿"中选中相应的项目，即可快速进入编辑状态，无须从头开始编辑视频，为用户提供了极大的便利。

　　❺ 导航栏：导航栏中包括"剪辑""剪同款""消息""我的"4个功能标签，每个标签都承载着特定的作用，为用户提供了全面且便捷的视频编辑和社交体验。

14.2　常用功能：一键成片、图文成片、剪同款

在数字化时代，视频已成为最主要的传播媒介之一。剪映凭借强大的AI视频生成与剪辑功能，为广大视频创作者提供了一个前所未有的便捷工具。本节将介绍如何利用剪映App的AI技术简化视频制作流程，一站式实现从视频的生成、剪辑到最终的输出全流程，快速制作出令人印象深刻的视频作品。

14.2.1　制作城市夜景视频

扫码看教学视频

使用剪映的"一键成片"功能，用户不再需要具备专业的视频编辑技能或花费大量时间进行后期处理，只需几个简单的步骤，就可以将图片、视频片段、音乐和文字等素材融合在一起，AI将自动为用户生成一段流畅且吸引人的视频，效果如图14-3所示。

图 14-3　效果展示

下面介绍使用"一键成片"功能制作城市风光视频的操作方法。

步骤01 在"剪辑"界面的功能区中，点击"一键成片"按钮，如图14-4所示。

步骤02 进入手机相册，选择相应的图片素材，点击"下一步"按钮，如图14-5所示。

步骤03 执行操作后，进入"选择模板"界面，系统会匹配合适的模板，如图14-6所示。

步骤04 用户也可以在下方选择相应的模板，自动对视频素材进行剪辑，选择中意的模板后，点击"导出"按钮，如图14-7所示。

步骤05 执行操作后，弹出"导出设置"面板，点击保存按钮🖫，如图14-45所示，即可快速导出做好的视频，如图14-8所示。

图 14-4　点击"一键成片"按钮

图 14-5　点击"下一步"按钮

图 14-6　匹配合适的模板

图 14-7　点击"导出"按钮

图 14-8　点击保存按钮

★ 专家提醒 ★

　　"一键成片"功能通过智能算法和预设模板，实现了视频编辑的自动化和智能化，极大地提高了视频制作的效率。

14.2.2 制作美食教学视频

扫码看教学视频

使用剪映的"图文成片"功能，可以帮助用户将静态的图片和文字转化为动态的视频，从而吸引更多观众的注意力，并提升内容的表现力。

通过"图文成片"功能，用户可以轻松地将一系列图片和文字编排成具有吸引力的视频。图文成片功能不仅简化了视频制作流程，还为用户提供了丰富的创意空间，让他们能够以全新的方式分享信息和故事，效果如图14-9所示。

图 14-9 效果展示

下面介绍使用"图文成片"功能制作美食教学视频的操作方法。

步骤01 在"剪辑"界面的功能区中，点击"图文成片"按钮，如图14-10所示。

步骤02 执行操作后，进入"图文成片"界面，在"智能文案"选项区中选择"美食教程"选项，如图14-11所示。

步骤03 执行操作后，进入"美食教程"界面，输入相应的美食名称和美食做法，并选择合适的视频时长，点击"生成文案"按钮，如图14-12所示。

步骤04 执行操作后，进入"确认文案"界面，显示AI生成的文案内容，点击"生成视频"按钮，如图14-13所示。

步骤05 弹出"请选择成片方式"列表框，选择"智能匹配素材"选项，如图14-14所示。

步骤06 执行操作后，即可自动合成视频，如图14-15所示。

图 14-10　点击"图文成片"按钮

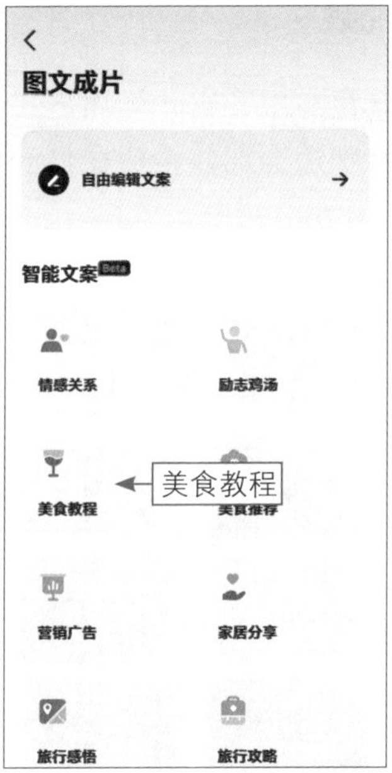

图 14-11　选择"美食教程"选项

图 14-12　点击"生成文案"按钮

图 14-13　点击"生成视频"按钮

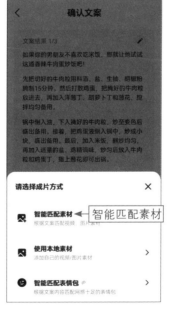

图 14-14　选择"智能匹配素材"选项

图 14-15　自动合成视频

14.2.3 制作冰激凌广告视频

扫码看教学视频

剪映的"剪同款"功能非常实用，它允许用户快速复制或模仿他人视频中的编辑样式和效果，特别适合那些希望在自己的视频中应用流行或专业编辑技巧的用户。

通过剪映的"剪同款"功能，用户可以选择一个自己喜欢的模板或样例视频，剪映会自动提供相应的编辑参数和效果，用户只需将自己的素材填充进去，即可创作出具有相似风格和效果的视频，效果如图14-16所示。

图 14-16　效果展示

下面介绍使用"剪同款"功能制作冰激凌广告视频的操作方法。

步骤01 在剪映主界面底部，点击"剪同款"按钮█进入其界面，如图14-17所示。

步骤02 在搜索栏中输入"一键AI智能扩图"，在搜索结果中选择相应的剪同款模板，如图14-18所示。

步骤03 执行操作后，预览模板效果，点击"剪同款"按钮，如图14-19所示。

步骤04 进入手机相册，选择相应的参考图，点击"下一步"按钮，如图14-20所示。

步骤05 执行操作后，即可自动套用同款模板，并合成视频，如图14-21所示。

图 14-17　点击"剪同款"按钮　　　图 14-18　选择相应的剪同款模板　　　图 14-19　点击"剪同款"按钮

图 14-20　点击"下一步"按钮　　　　　　　　图 14-21　合成视频

14.2.4　制作发型设计宣传视频

扫码看教学视频

剪映的"营销成片"功能是专为商业营销和广告宣传设计的，它利用AI技术帮助用户快速制作出具有吸引力的视频广告或营销内容，特别适合需要在社交媒体、电子商务平台或其他数字营销渠道上推广产品和品牌的商家和营销人员。"营销成片"功能通过简化视频制作流程，让用户能够轻松创作出高质量的广告视频，效果如图14-22所示。

图 14-22　效果展示

下面介绍使用"营销成片"功能制作发型设计宣传视频的操作方法。

步骤01 在"剪辑"界面的功能区中，点击"营销成片"按钮，如图14-23所示。

步骤02 执行操作后，进入"营销推广视频"界面，点击"添加素材"选项区中的➕按钮，如图14-24所示。

步骤03 进入手机相册，选择多个视频素材，点击"下一步"按钮，如图14-25所示。

步骤04 执行操作后，即可添加视频素材，在"AI写文案"选项卡中输入相应的视频文案，包括产品名称和产品卖点，如图14-26所示。

步骤05 点击"展开更多"按钮，显示其他设置，在"视频设置"选项区中，选择合适的时长，如图14-27所示。

步骤06 点击"生成视频"按钮，即可生成5个营销视频，在下方选择合适的视频效果即可，如图14-28所示。

图 14-23 点击"营销成片"按钮

图 14-24 点击相应的按钮

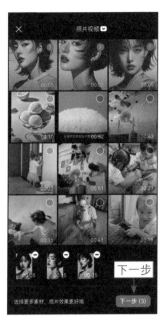

图 14-25 点击"下一步"按钮

图 14-26 输入视频文案

图 14-27 选择时长

图 14-28 选择合适的视频效果

14.3 擅长领域：儿童视频、Vlog短片、写真视频

剪映是一款流行的视频编辑软件，它提供了丰富的视频编辑功能，用户不仅可以在剪映App中一键生成AI视频，还可以在剪映电脑版中一键生成AI视频，大大提高了制作视频的效率。本节主要介绍使用剪映电脑版生成AI视频的操作方法。

14.3.1 制作儿童成长视频

儿童成长视频是记录孩子成长过程的重要载体，它们能够永久地保存下来，成为家庭宝贵的记忆财富，无论岁月如何流逝，这些视频都能让家庭成员随时回顾和重温那些美好的时光。一些影楼在进行儿童摄影时，可以将儿童成长的照片做成视频，赠送给顾客，提高顾客的满意度。使用剪映的"模板"功能可以一键生成儿童成长类的视频，效果如图14-29所示。

扫码看教学视频

图 14-29 效果欣赏

下面介绍使用"模板"功能制作儿童成长视频的操作方法。

步骤 01 进入剪映电脑版首页，切换至"模板"选项卡，如图14-30所示。

步骤 02 在"推荐"选项卡中，选择相应的视频效果，单击下方的"使用模板"按钮，如图14-31所示。

步骤 03 进入编辑界面，单击第1段素材上的"替换"按钮，如图14-32所示。

步骤 04 弹出"请选择媒体资源"对话框，在其中选择一张儿童照片，如图14-33所示。

图 14-30　切换至"模板"选项卡

图 14-31　单击"使用模板"按钮

图 14-32　单击"替换"按钮

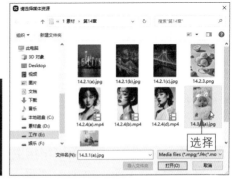

图 14-33　选择一张儿童照片

步骤05 单击"打开"按钮，即可替换第1段素材，如图14-34所示。

步骤06 用同样的方法替换第2段素材，如图14-35所示，单击右上角的"导出"按钮，导出视频。

图 14-34　替换第 1 段素材

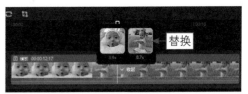

图 14-35　替换第 2 段素材

14.3.2　制作生活 Vlog

扫码看教学视频

Vlog最直接的作用就是记录个人或家庭的生活日常，包括日常活动、家庭生活、工作、学习、旅行、美食等各个方面。一些自媒体人可以将这些Vlog发布到社交网站上，通过互动和评论，制作者可以与粉丝建立联系，形成社群。这种方式比传统的文字或图片更加直观和生动，能够更好地传达情感。

使用剪映制作的生活Vlog如图14-36所示。

图 14-36　效果欣赏

下面介绍在剪映电脑版中制作生活Vlog的操作方法。

步骤01 进入剪映电脑版首页，切换至"模板"选项卡，单击Vlog标签，如图14-37所示。

步骤02 切换至Vlog选项卡，在其中选择相应的Vlog视频效果，单击下方的"使用模板"按钮，如图14-38所示。

图 14-37　单击 Vlog 标签

图 14-38　单击"使用模板"按钮

步骤03 进入编辑界面，其中显示了生成视频的模板效果，如图14-39所示。

步骤04 依次单击"替换"按钮，替换3段不同的视频素材，如图14-40所示，单击右上角的"导出"按钮，导出视频。

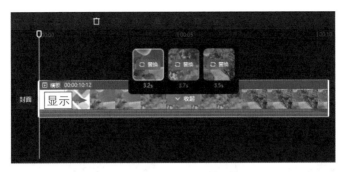

图 14-39　显示了视频的模板效果

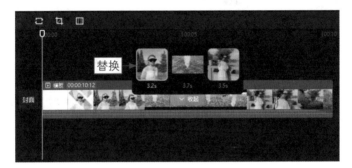

图 14-40　替换 3 段不同的视频素材

14.3.3　制作个人写真视频

扫码看教学视频

　　个人写真视频通过精心设计的构图、色彩、光影等元素，能够全方位、多角度地展示个人的形象，塑造出独特的个人风格和气质，效果如图14-41所示。

图 14-41　效果欣赏

　　对于个人品牌或IP，个人写真视频是一种有效的宣传手段，通过在社交媒体、网络平台等渠道发布个人写真视频，可以吸引更多的关注和粉丝，提升个人品牌的知名度和影响力。下面介绍使用"图文成片"功能制作个人写真视频的操作方法。

步骤01 进入剪映电脑版首页，单击"图文成片"按钮，如图14-42所示。

步骤02 弹出"图文成片"面板，单击"自由编辑文案"按钮，如图14-43所示。

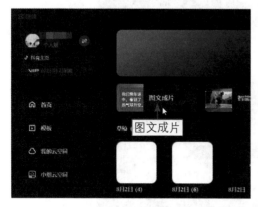

图 14-42　单击"图文成片"按钮　　　　图 14-43　单击"自由编辑文案"按钮

步骤03 为了输入提示词生成文案，单击"智能写文案"按钮，默认选中"自定义输入"单选按钮，输入"个人写真"，单击 ➜ 按钮，如图14-44所示。

步骤04 稍等片刻，生成文案结果，如果用户对文案不满意，此时单击"重新生成"按钮，重新生成文案内容，满意后单击"确认"按钮，如图14-45所示，单击"生成视频"按钮。

图 14-44　单击相应的按钮　　　　图 14-45　单击"确认"按钮

步骤05 在弹出的列表框中，选择"智能匹配素材"选项，如图14-46所示。

步骤06 执行操作后，即可使用AI功能生成相应的个人写真视频，其中包括素材、字幕、语音旁边和背景音乐，如图14-47所示。

图 14-46 选择"智能匹配素材"选项

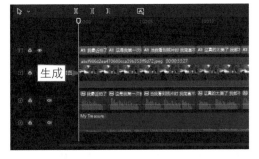

图 14-47 生成个人写真视频

步骤 07 用户从本地文件夹中，选择相应的个人写真照片，替换至时间轴面板的视频轨道中，制作个人写真视频，效果如图 14-48 所示，设置视频的尺寸并导出视频。

图 14-48 制作个人写真视频

14.3.4 制作人物变身视频

在剪映电脑版中，用户可以运用"AI特效"功能，让AI根据画面和描述词（即提示词）进行绘画，从而生成精美的人物变身视频，原图与效果图对比如图14-49所示。

扫码看教学视频

图 14-49 原图与效果图对比

下面介绍使用"AI特效"功能制作人物变身视频的操作方法。

步骤01 新建一个空白的项目文件，在视频轨道中导入图片素材，如图14-50所示。

步骤02 切换至"AI效果"操作区，选中"AI特效"复选框，即可启用"AI特效"功能，如图14-51所示。

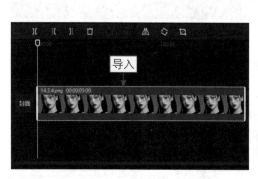

图 14-50　在视频轨道中导入图片素材

图 14-51　启用"AI 特效"功能

步骤03 在下方选择CGⅠ特效，单击"生成"按钮，如图14-52所示。

步骤04 执行操作后，即可开始生成特效，在"生成结果"选项区中，选择合适的效果，如图14-53所示。

图 14-52　单击"生成"按钮

图 14-53　选择合适的效果

步骤05 单击"应用效果"按钮，即可为素材添加特效，在"播放器"面板中可以预览画面效果，如图14-54所示。

步骤06 切换至"音频"功能区，选择一首合适的音乐添加到轨道中，对音乐进行适当剪辑，为画面添加背景音乐，如图14-55所示，单击右上角的"导出"按钮，导出视频。

图 14-54　预览画面效果

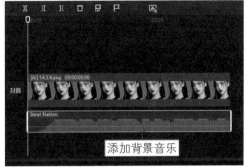

图 14-55　为画面添加背景音乐

第 15 章

即梦 AI：文生视频与图生视频

即梦 AI 是由字节跳动公司抖音旗下的剪映推出的一款 AI 图片与视频创作工具，用户只需提供简短的文本描述，即梦 AI 就能快速根据这些描述将创意和想法转化为图像或视频画面，这种方式极大地简化了创意内容的制作过程，让创作者能够将更多的精力投入到创意和故事的构思中。本章将全面介绍即梦 AI 的核心功能与操作页面，并对其常用功能与擅长的领域以案例的形式进行了讲解。

15.1　全面介绍：即梦AI的功能与页面讲解

即梦AI是一个AI图片与视频创作平台，主要利用先进的人工智能技术，帮助用户将创意和想法转化为视觉作品，包括图片和视频。即梦AI对需要快速生成创意内容的用户来说是一个巨大的福音，尤其是在内容创作竞争激烈的抖音平台上。本节主要介绍即梦AI的核心功能与页面，帮助用户快速熟悉即梦AI创作平台。

15.1.1　即梦 AI 的核心功能介绍

即梦AI的核心功能主要包括图片生成、智能画布、视频生成、故事创作。此外，即梦AI还提供了一些辅助功能，比如图片参数设置、做同款提示模板、图片变超清、局部重绘和画面扩图等，这些功能共同为用户提供了一个一站式的AI创作平台，旨在降低用户的创作门槛，激发无限创意。下面以图解的方式介绍即梦AI的4个核心功能，如图15-1所示。

扫码看教学视频

图片生成	用户可以通过输入提示词来生成AI图片，支持导入参考图及选择生图模型，生成符合用户需求的图片。该平台支持使用中文提示词生成AI作品，这对国内用户来说是一个显著优势，因为它能够更准确地理解和生成中文描述的内容
智能画布	即梦AI的"智能画布"是一个创新的工具，它允许用户对现有的图片进行编辑和AI重绘，实现二次创作。用户可以对图片进行扩展，增加图片的尺寸而不丢失质量，还允许用户对图片进行局部重绘操作，用户可以自行决定修改区域和风格
视频生成	在即梦AI平台中，文本生视频和图片生视频是两种基于AI技术的视频生成功能，它们允许用户以不同的方式创造视频内容，两种技术都依赖先进的AI算法，包括深度学习和机器学习。制作的AI视频可以用于广告、社交媒体、教育等多种场景
故事创作	即梦AI的"故事创作"模式支持一站式生成故事分镜、镜头组织管理、编辑等功能。用户可以轻松地将零碎的素材拼凑成创意故事并进行高效创作，并且提供了本地上传、生图、生视频等多种素材上传功能，极大地增强了AI视频的创意和表现力

图 15-1　即梦 AI 的 4 个核心功能

★ 专家提醒 ★

在即梦 AI 的登录页面中，如果用户有抖音账号，就可以打开手机中的抖音 App，然后扫码授权登录即梦 AI 平台，即可进行 AI 创作。

15.1.2 即梦AI页面中的功能讲解

扫码看教学视频

在使用即梦AI进行创作之前，还需要掌握即梦AI页面中的各功能模块，认识相应的功能，可以使AI创作更加高效。在"即梦AI"页面中，包括"AI作图""AI视频""常用功能"等板块，还有社区作品欣赏区域，如图15-2所示。

图15-2 认识"即梦AI"页面

下面对"即梦AI"页面中的各主要功能进行相关讲解。

❶ 常用功能：在该列表中，包括"首页""探索""活动""个人主页""资产""图片生成""智能画布""视频生成""故事创作"等常用功能，选择相应的选项，即可跳转到对应的页面。

❷ AI作图：在该选项区中，包括"图片生成"与"智能画布"两个按钮，单击相应的按钮，可以生成AI绘画作品。

❸ AI视频：在该选项区中，包括"视频生成"与"故事创作"两个按钮，单击相应的按钮，可以生成AI视频作品。

❹ 社区作品：在该区域中，包括"图片""视频""短片"3个选项卡，其中展示了其他用户创作和分享的AI作品，单击相应的作品可以放大预览。

★ 专家提醒 ★

尽管即梦AI的视频生成技术相较于AI图片兴起的时间较短，但即梦AI在这一领域的发展迅速。虽然即梦AI与一些先驱产品如Sora相比可能还有差距，但已经展现出了不俗的潜力和效果。根据用户反馈和媒体报道，即梦 AI 在提供便捷的 AI 创作体验方面得到了一定的认可，尽管在某些细节处理上还有提升的空间，如人体动作的模拟、面部表情的细腻度等，随着技术的不断进步和应用场景的不断拓展，即梦 AI 的功能和应用场景也将不断扩展和完善，这意味着即梦 AI 的未来充满了无限可能和潜力。

15.2　常用功能：文生视频、图生视频、做同款视频

即梦AI不仅支持图片生成，还提供视频生成功能，使用户能够将文字描述转换成视频，或者利用图片作为基础生成视频内容。本节主要介绍即梦AI在文生视频、图生视频、做同款视频及首尾帧视频等方面的应用，帮助大家一键生成自然流畅的视频效果。

15.2.1　制作名山风光视频效果

在即梦AI中，文生视频技术允许用户输入文本描述来生成AI视频，用户可以提供场景、动作、人物、情感等文本信息，AI将根据这些描述自动生成相应的视频内容，包括人物、动物、背景、环境和氛围等，效果如图15-3所示。

扫码看教学视频

图 15-3　效果欣赏

下面介绍使用即梦AI的文生视频功能制作名山风光视频的操作方法。

步骤01 进入即梦AI首页，在"AI视频"选项区中，单击"视频生成"按钮，如图15-4所示。

步骤02 进入"视频生成"页面，切换至"文本生视频"选项卡，输入相应的提示词，用于指导AI生成特定的视频，如图15-5所示。

步骤03 在"视频比例"下方选择4∶3选项，如图15-6所示，让AI生成横幅视频。

步骤04 单击"生成视频"按钮，即可生成一段山顶风光视频，效果如图15-7所示。

图 15-4　单击"视频生成"按钮

图 15-5　输入相应的提示词

图 15-6　选择 4∶3 选项

图 15-7　生成一段山顶风光视频

15.2.2　制作汽车广告视频

扫码看教学视频

　　汽车广告视频通过生动的画面和音效，能够在短时间内吸引消费者的注意力，从而提升品牌的知名度。使用图片生视频技术可以快速生成专业的汽车广告视频，效果如图15-8所示。

图 15-8　效果欣赏

　　下面介绍使用即梦AI的图片生视频功能制作汽车广告视频的操作方法。

步骤 01 进入"视频生成"页面，单击"上传图片"按钮，如图15-9所示。

步骤 02 弹出"打开"对话框，在其中选择一张汽车广告图片，如图15-10所示。

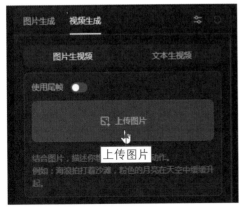

图 15-9　单击"上传图片"按钮　　　　图 15-10　选择一张汽车广告图片

步骤 03 单击"打开"按钮，即可将图片素材上传至"视频生成"页面中，如图15-11所示。

步骤 04 单击"生成视频"按钮，AI即开始解析图片内容，并根据图片内容生成动态的视频，效果如图15-12所示。

图 15-11　上传汽车广告图片　　　　图 15-12　生成动态的视频

★ 专家提醒 ★

　　在即梦AI中，图片生视频技术是基于用户提供的一张或多张图片来生成视频的。用户上传图片后，AI将分析上传图片的内容、构图和风格，然后为静态图像添加动态效果，如运动、变化或动画，AI还可以根据单张图片扩展场景，生成更丰富的视频内容。

15.2.3 制作生鲜水果视频

扫码看教学视频

在即梦AI中,"做同款"功能可以帮助用户创作出与选定产品图片风格相似的图像,这种功能特别适用于产品展示、广告设计、电子商务等领域的用户。用户在平台上浏览产品类别的AI图片时,可以选择一个他们希望模仿的产品图片作为参考,然后生成类似的产品图片,效果如图15-13所示。

图 15-13 效果欣赏

下面介绍使用即梦AI的"做同款"功能制作生鲜水果视频的操作方法。

步骤01 切换至"探索"页面,单击"视频"标签,切换至"视频"选项卡,在其中选择相应的生鲜水果视频效果,单击"做同款"按钮,如图15-14所示。

步骤02 在页面右侧弹出"视频生成"面板,其中显示了这段视频所需的参考图,还显示了相应的提示词内容,单击"生成视频"按钮,如图15-15所示。

图 15-14 单击"做同款"按钮

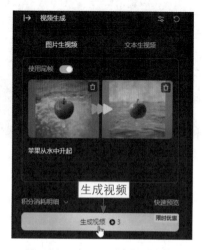

图 15-15 单击"生成视频"按钮

步骤03 执行操作后,即可生成相应的生鲜水果视频。

扫码看教学视频

15.2.4　制作四季变换视频

　　使用尾帧实现图生视频是一种高级技术，它通过定义视频的起始帧（即首帧）和结束帧（即尾帧），让AI在两者之间生成平滑的过渡和动态效果。这种方法为用户提供了精细控制视频动态过程的能力，尤其适合制作复杂的四季变换视频，效果如图15-16所示。

图 15-16　效果欣赏

　　下面介绍使用即梦AI的首尾帧功能制作四季变换视频的操作方法。

　　步骤01 进入"视频生成"页面，在"图片生视频"选项卡中开启"使用尾帧"功能，如图15-17所示。

　　步骤02 依次单击"上传首帧图片"按钮和"上传尾帧图片"按钮，上传首尾帧图片，如图15-18所示。

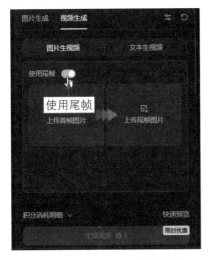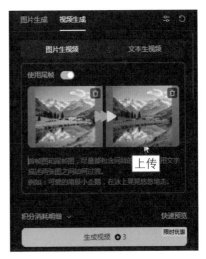

图 15-17　开启"使用尾帧"功能　　　　　　　图 15-18　上传首尾帧图片

步骤03 单击页面下方的"生成视频"按钮，即可通过首帧与尾帧生成相应的视频。

15.3　擅长领域：风光摄影、电影特效与电商应用

在数字媒体和内容创作世界，AI视频生成技术正以其革命性的力量，改变着人们对视觉叙事的理解。即梦AI提供了一系列工具和功能，使用户能够轻松地编辑和生成专业级别的视频。本节主要介绍即梦AI在风光摄影、电影特效与电商领域的应用。

15.3.1　制作高原雪山延时视频

高原雪山延时视频能够捕捉并展示雪山随时间变化的壮丽景色，如日升月落、云卷云舒、雪线变化等，为观众带来极致的视觉享受。这类视频以其独特的视觉效果和令人震撼的观赏体验，能够吸引大量游客前往实地游览，促进当地旅游业的发展，效果如图15-19所示。

扫码看教学视频

图 15-19　效果欣赏

下面介绍使用即梦AI制作高原雪山延时视频的操作方法。

步骤01 进入"视频生成"页面，切换至"文本生视频"选项卡，输入相应的提示词，用于指导AI生成特定的视频，如图15-20所示。

步骤02 在下方设置"运动速度"为"适中"、"生成时长"为6s，如图15-21所示，表示生成运动速度适中且时长为6秒的视频。

步骤03 设置"视频比例"为4∶3，表示生成横幅视频，单击"生成视频"按钮，即可生成一段高原雪山延时视频效果。

图 15-20 输入相应的提示词

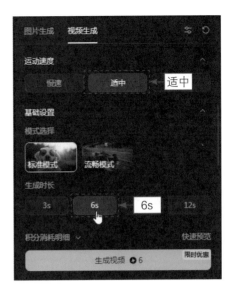

图 15-21 设置各项参数

15.3.2 制作生日场景视频

通过精心设计的生日场景视频，如梦幻的背景、飘动的气球、诱人的生日蛋糕或特定的主题动画（如卡通角色、梦幻城堡等），可以瞬间营造出与生日主题相契合的氛围，让庆祝活动更加生动有趣，打造出独一无二的生日视频，效果如图15-22所示。

扫码看教学视频

图 15-22 效果欣赏

下面介绍使用即梦AI制作生日场景视频的操作方法。

步骤01 进入"视频生成"页面，单击"上传图片"按钮，上传一张图片素材，输入相应的提示词，用于指导AI生成特定的视频，如图15-23所示。

步骤02 单击"随机运镜"右侧的按钮，弹出"运镜控制"面板，单击"变焦"右侧的放大按钮，如图15-24所示，让视频画面被慢慢放大，使主体更加突出。

图 15-23　上传图片并输入提示词

图 15-24　单击放大按钮

步骤03 单击"应用"按钮，设置视频的运镜方式，单击"生成视频"按钮，即可生成一段生日场景视频。

15.3.3　制作电影特效视频

扫码看教学视频

电影特效在电影制作中扮演着至关重要的角色，特效可以创造出令人惊叹的视觉效果，使观众获得更加沉浸和震撼的观影体验，能够呈现那些在现实中难以实现的场景和故事，扩展了电影叙事的边界，效果如图15-25所示。

下面介绍使用即梦AI制作电影特效视频的操作方法。

步骤01 切换至"探索"页面，单击"视频"标签，切换至"视频"选项卡，在其中选择相应的电影特效视频，单击"做同款"按钮，如图15-26所示。

步骤02 在页面右侧弹出"视频生成"面板，其中显示了这段视频所需的参考图，还显示了相应的提示词，单击"生成视频"按钮，如图15-27所示。

图 15-25　效果欣赏

图 15-26　单击"做同款"按钮

图 15-27　单击"生成视频"按钮

步骤 03 执行操作后，即可生成相应的电影特效视频。如果用户对生成的视频效果不满意，此时可以单击"再次生成"按钮，再次生成电影特效视频。

15.3.4　制作产品广告视频

在使用即梦AI生成产品广告视频时，可以直观地展示产品的外观、包装和效果，帮助消费者更好地了解产品，效果如图15-28所示。

扫码看教学视频

图 15-28　效果欣赏

下面介绍使用即梦AI制作产品广告视频的操作方法。

步骤01 进入"视频生成"页面，单击"上传图片"按钮，上传一张图片素材，如图15-29所示。

步骤02 输入相应的提示词，用于指导AI生成特定的视频，如图15-30所示。

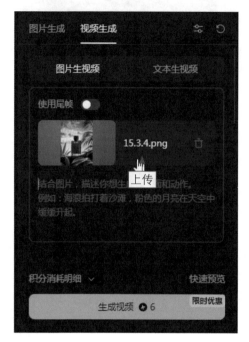

图 15-29　上传一张图片素材

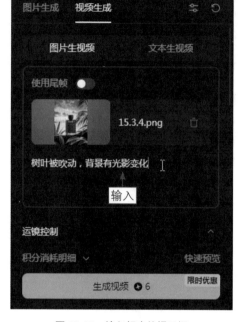

图 15-30　输入相应的提示词

步骤03 单击"生成视频"按钮，即可生成一段产品包装视频。

第 16 章

可灵 AI：生成视频的智能专家

  在数字时代的浪潮中，视频已成为传播信息和娱乐产业的核心驱动力。随着人工智能技术的飞速发展，视频生成模型正逐渐从概念走向现实，其中可灵 AI 视频生成工具凭借其强大的技术实力，正引领着这一变革的浪潮。本章将全面介绍可灵 AI 的核心功能与操作页面，并对其常用功能与擅长的领域以案例的形式进行了讲解。

16.1 全面介绍：可灵AI的功能与页面讲解

2024年6月6日，快手发布了一款AI视频生成大模型——可灵AI，这是一款具有创新性和实用性的视频生成大模型，由快手大模型团队自研打造，采用了与Sora相似的技术路线，并结合了快手自研的创新技术，标志着国产文生视频大模型技术达到了新高度。本节主要介绍可灵AI的核心功能，并对其操作页面的主要功能进行了讲解，帮助大家轻松高效地使用可灵AI完成艺术视频创作。

16.1.1 可灵 AI 的核心功能介绍

扫码看教学视频

可灵AI作为快手大模型团队自研的文本生成视频大模型，其核心功能强大且多样，为视频创作领域带来了革命性的变革。

下面以图解的方式介绍可灵AI的6个核心功能，如图16-1所示。

以文生图	可灵AI强大的图像生成能力让许多人对这个领域充满无限遐想，特别是它的以文生图功能，用户只需要通过简单的文本描述，引导AI理解自己的创作意图，即可生成精美、生动的图像效果，这为大家的创作提供了极大的便利
以图生图	以图生图是指基于用户上传的图片，通过AI技术生成新的图像。可灵AI可以对用户上传的图片进行深入分析和理解，进而生成与原图相关但内容有所变化的新图像。以图生图功能可以为用户带来意想不到的图像效果，激发用户的创作灵感
以文生视频	用户输入一段文字，可灵AI能够根据文本内容生成对应的视频。这一功能在短视频创作领域尤为重要，因为它能够极大地节省创作者的时间和精力，同时提供高质量的视频内容
以图生视频	用户可以上传任意图片，可灵AI能够根据图片信息生成视频效果。此外，该功能还新增了运镜控制、自定义参数等功能，使视频的生成更加灵活，且内容更加多样化
视频续写	用户可以对已生成的视频进行续写，延长视频的长度和内容，这一功能为创作者提供了更多的创作空间和可能性。用户可以对生成的视频进行4～5秒的续写，且支持多次续写（最长可达3分钟）
高画质生成	可灵AI采用了自研的3D变分自编码器（Variational Auto-Encoder，VAE）技术，能够实现高达1080p分辨率的视频生成。这种高质量的画面生成能力使可灵AI成了电影制作、高质量广告制作及虚拟现实内容创作的理想选择

图 16-1 可灵 AI 的 6 个核心功能

16.1.2 可灵 AI 页面中的功能讲解

扫码看教学视频

可灵AI的网页端为用户提供了一个便捷、高效且功能丰富的视频生成平台，用户无须下载和安装任何客户端，即可直接使用各项功能，极大地提高了创作效率。无论是生成图片还是视频，可灵AI都能够提供高质量的内容输出，满足用户的多样化需求。

"可灵AI"页面中的主要功能模块如图16-2所示。

图 16-2 "可灵 AI"页面

下面对"可灵AI"页面中的主要功能进行相关讲解。

❶ 常用功能：在页面左侧的侧边栏中，清晰地列出了可灵AI的主要功能，使网页能够以一种有序、结构化的方式展示其内容，帮助用户快速定位到自己想要访问的页面或功能。用户只需选择相应的选项，即可跳转到对应的页面，极大地提高了浏览效率。

❷ AI图片：使用该功能，用户可以通过输入提示词来生成相应的图片。该功能目前对外是免费的，且测试不限次数。

❸ 社区作品：该区域主要用来展示平台中其他用户发布的优秀作品，当用户在其中找到自己喜欢的视频效果后，单击相应作品下方的"一键同款"按钮，即可快速生成与原作品相似的视频效果，这大大节省了用户的时间和精力，提高了创作效率。

❹ AI视频：使用该功能，用户可以通过文本生成视频（文生视频）和图片生成视频（图生视频）。可灵AI支持生成5秒和10秒两种时长的视频，但10秒高质量视频的生成次数有限，生成的视频在动态性和人物动作一致性方面表现不错。

❺ 视频编辑：使用该功能，允许用户对视频进行裁剪、拼接、添加特效、调整色彩、添加文字注释等多种操作，以满足不同场景下的视频制作需求。

16.2　常用功能：文生视频、图生视频、首尾帧视频

可灵AI生成的视频不仅在视觉上逼真，而且在物理上合理，确保了视频内容的自然流畅和高度的真实感，这得益于其先进的3D时空联合注意力机制和深度学习算法。本节主要介绍可灵AI在文生视频、图生视频及首尾帧视频等方面的应用。

16.2.1　制作海边风光视频

海边风光视频是摄影爱好者和专业摄影师喜欢拍摄的一种题材，它能够捕捉海洋的壮丽景色和海岸线的自然美。海边的光线变化丰富，特别是在日出和日落时分，可以捕捉到橙红色的阳光洒在海面上的美景。

扫码看教学视频

现在，使用可灵AI也能生成出唯美的海边风光视频，极大地提高了创作效率，效果如图16-3所示。

图 16-3　效果欣赏

下面介绍使用可灵AI的"文生视频"功能制作海边风光视频的操作方法。

步骤01 打开可灵AI官方网站，在首页中单击"AI视频"按钮，如图16-4所示。

步骤02 进入视频创作页面，在"文生视频"选项卡的"创意描述"文本框中，输入相应的提示词，对视频场景进行详细描述，用于指导AI生成特定的视频，在下方设置"视频比例"为1∶1，让AI生成方幅视频，单击"立即生成"按钮，如图16-5所示。

图16-4 单击"AI视频"按钮

图16-5 单击"立即生成"按钮

★ 专家提醒 ★

提示词也称为关键词、描述词、输入词、指令、代码等，网上大部分用户也将其称为"咒语"。在可灵AI中输入提示词的时候，关于提示词的语言类型，既可以是中文，又可以是英文，这主要取决于用户的偏好和具体需求。

步骤 03 执行操作后，即可开始生成视频，并显示生成进度，稍等片刻，即可生成海边风光视频，如图16-6所示。

图16-6 生成海边风光视频

16.2.2　制作旅游景点视频

扫码看教学视频

旅游景点视频是吸引游客的有效工具，通过制作精美的旅游景点视频，可以展示景点的独特魅力、历史背景、自然风光或文化特色，从而激发潜在游客的兴趣和好奇心，促进旅游业的发展。旅游景点类视频可以在社交媒体、旅游网站、电视广告等多个渠道上传播，扩大景点的知名度和影响力，效果如图16-7所示。

图 16-7　效果欣赏

★ 专家提醒 ★

以图生视频是一种高效的 AI 视频生成技术，它允许用户仅通过一张静态图片就可以迅速生成一段视频。这种方法非常适合需要快速制作动态视觉效果的场合，无论是社交媒体的短视频，还是在线广告的快速展示，都能轻松实现。

下面介绍使用可灵AI的"图生视频"功能制作旅游景点视频的操作方法。

步骤01 打开可灵AI官方网站，在首页中单击"AI视频"按钮，进入视频创作页面，切换至"图生视频"选项卡，单击上传按钮 ⬆，如图16-8所示。

步骤02 弹出"打开"对话框，在其中选择需要上传的图片素材，如图16-9所示。

步骤03 单击"打开"按钮，即可上传图片素材，在"图片创意描述"文本框中输入相应的提示词，用于指导AI生成特定的视频，如图16-10所示。

步骤04 在"参数设置"选项区中，设置"生成模式"为"高表现"，如图 16-11 所示，提升视频的生成质量，使可灵 AI 生成更符合运动规律的视频内容。单击"立即生成"按钮，即可生成旅游景点视频。

图 16-8　单击上传按钮

图 16-9　选择需要上传的图片素材

图 16-10　输入相应的提示词

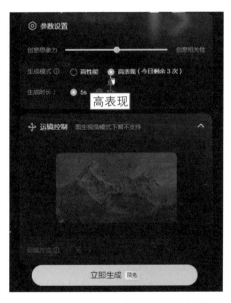

图 16-11　设置"生成模式"为"高表现"

16.2.3　制作动画场景视频

扫码看教学视频

　　可灵AI可以根据用户输入的提示词生成不同风格和主题的动画场景，包括卡通、写实、科幻等，从而创造出更加多样化的内容，满足不同观众的喜好和需求。可灵AI作为动画制作工具具有内容定制化、风格丰富多样、生产高效、动画质量高和灵活性强等优势，能够为动画制作领域带来创新和便利，还能为动画制作带来新的可能性，推动了动画行业的发展。

可灵AI中增加了首帧和尾帧功能，是其在视频生成领域的一项重要创新，为用户提供了更高的创作自由度和个性化定制能力。该功能允许用户在生成动画场景视频时，通过上传或指定特定的起始画面（首帧）和结束画面（尾帧），来控制视频的开头和结尾。这一功能极大地增强了视频内容的连贯性和创意性，使用户能够根据自己的需求，创作出更加符合个人风格或故事情节的视频作品，效果如图16-12所示。

图 16-12　效果欣赏

下面介绍使用可灵AI的"增加尾帧"功能制作动画场景视频的操作方法。

步骤 01 在可灵AI首页中单击"AI视频"按钮，进入视频创作页面，切换至"图生视频"选项卡，打开"增加尾帧"功能 ，如图16-13所示。

步骤 02 在页面中上传首帧和尾帧图片，在"图片创意描述"文本框中输入相应的提示词，用于指导AI生成特定的视频，如图16-14所示。

步骤 03 在"参数设置"选项区中，设置"创意想象力"为0.8，使生成的视频画面更贴近图片效果，如图16-15所示，单击"立即生成"按钮，即可生成动画场景视频。

图 16-13　打开"增加尾帧"功能

图 16-14　输入相应的提示词

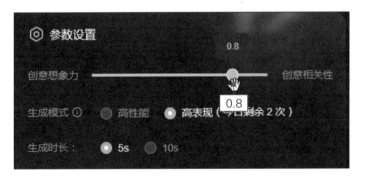

图 16-15　设置"创意想象力"为 0.8

16.2.4　制作电影角色视频

扫码看教学视频

可灵AI能够快速生成高质量的视频，在较短的时间内完成电影角色的设计，能够根据电影的风格、主题和氛围定制独特的电影角色，吸引目标观众。可灵AI具有丰富的创意和想象力，可以创造出多样化的场景、特效和动画效果，为电影角色增添新奇和独特的元素，还能够在制作过程中节省成本。

可灵AI在生成视频时能够更好地理解物理世界，生成真实的镜头感，这对于制作高度真实的电影电视节目尤为重要。通过可灵AI，影视制作人可以生成更具沉浸感和让人产生情感共鸣的视频，提升观众的观影体验，效果如图16-16所示。

图 16-16 效果欣赏

★ 专家提醒 ★

可灵 AI 的视频续写功能允许用户对已生成的视频（包括文生视频和图生视频）进行一键续写，每次续写能够合理且显著地延展原有视频的运动轨迹，这一特性特别适合需要长时间叙述或展示的场景，如教育讲解、故事讲述等。

下面介绍使用可灵AI的视频续写功能制作电影角色视频的操作方法。

步骤 01 进入视频创作页面，在"文生视频"选项卡的"创意描述"文本框中，输入相应的提示词，用于指导AI生成特定的视频，如图16-17所示。

步骤 02 在下方设置"视频比例"为1∶1，让AI生成方幅视频，单击"立即生成"按钮，如图16-18所示。

图 16-17 输入相应的提示词

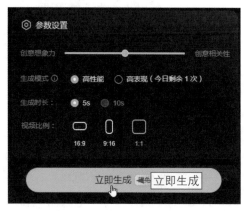

图 16-18 单击"立即生成"按钮

步骤 03 执行操作后，即可生成电影角色视频，将鼠标指针移至视频画面上，即可自动播放AI视频，如图16-19所示。

步骤 04 单击左下方的"延长5s"按钮，在弹出的列表中选择"自动延长"选项，如图16-20所示，即可自动延长视频的时长。

图 16-19　自动播放 AI 视频

图 16-20　选择"自动延长"选项

16.3　擅长领域：影楼创作、电影角色、新闻纪录片

通过大规模的训练，可灵AI视频生成模型的应用领域非常广泛，能够展现出多种有趣的特色功能，使其能够模拟现实世界中的人、动物和环境的各个方面，从而产生高质量、逼真的视频内容。可灵AI是快手推出的快影App内置的AI工具，本节主要介绍使用快影App中的可灵AI工具生成相关视频的操作方法。

16.3.1　让老照片瞬间动起来

可灵AI采用了先进的深度学习技术和计算机视觉算法，能够分析老照片中的图像信息，包括人物、景物、色彩等，并根据这些信息生成相应的动态效果。通过模拟真实世界的物理特性和运动规律，可灵AI能够创造出流畅、自然的视频画面，使老照片中的人物和场景仿佛重新焕发生机，效果如图16-21所示。

扫码看教学视频

图 16-21　效果欣赏

下面介绍使用快影App中的可灵AI工具将老照片制作成动态视频的操作方法。

步骤 01 打开快影App主界面，点击上方的"AI创作"按钮，如图16-22所示。

步骤 02 进入"AI创作"界面，在"AI生视频"选项区中点击"生成视频"按钮，如图16-23所示。

图 16-22　点击"AI 创作"按钮

图 16-23　点击"生成视频"按钮

步骤 03 进入"AI生视频"界面，在"创作类型"选项区点击"图生视频"按钮，如图16-24所示，以图片的方式创作视频。

步骤 04 在"上传图片"选项区中点击加号按钮➕，上传一张老照片，输入提示词"微笑"，然后设置"视频质量"为"高表现"，如图16-25所示，提升视频的生成质量。

步骤 05 点击"生成视频"按钮，即可开始生成老照片的动态视频，在"处理记录"界面中显示了视频的生成进度，

图 16-24　点击"图生视频"
按钮

图 16-25　设置视频的质量

如图16-26所示。

步骤 06 稍等片刻，即可生成老照片的动态视频，点击"预览"按钮，如图16-27
所示，预览视频效果。

图 16-26　显示生成进度

图 16-27　点击"预览"按钮

16.3.2　制作可爱动物视频

可灵AI可以生成各种可爱的动物类视频，包括小巧的动物或体积庞
大的动物，通过展示动物的生活习性、行为特点和生存技巧，用于教育

扫码看教学视频

和启发观众，帮助观众深入了解和关注动物世界。另外，动物视频具有乐趣，能够
为观众带来欢乐，让人更放松，缓解压力和疲劳。图16-28所示为使用可灵AI生成的
一段小狗奔跑的视频效果。

图 16-28　效果欣赏

下面介绍使用快影App中的可灵AI工具制作可爱动物视频的操作方法。

步骤01 打开快影App主界面，点击上方的"AI创作"按钮，进入"AI创作"界面，在"AI生视频"选项区中点击"生成视频"按钮，进入"AI生视频"界面，在"文字描述"文本框中输入相应的提示词，用于指导AI生成特定的视频，如图16-29所示。

步骤02 在下方的"视频比例"选项区中，选择1∶1选项，让AI生成方幅视频，如图16-30所示，点击"生成视频"按钮，即可生成一段可爱的小狗视频。

图 16-29　输入相应的提示词

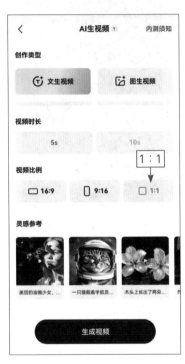

图 16-30　选择 1∶1 选项

16.3.3　制作古风人像视频效果

扫码看教学视频

在所有的拍摄题材中，人像视频的拍摄占据着非常大的比例，因此如何用可灵AI生成人像视频也是很多初学者急切希望学会的。古风人像以古代风格、服饰和氛围为主题，它追求传统美感，通过细致的布景、服装和道具，将人物置于古风背景中，以创造出古典而优雅的视频画面，如图16-31所示。

图 16-31　效果欣赏

下面介绍使用快影App中的可灵AI工具制作古风人像视频效果的操作方法。

步骤 01 打开快影App主界面，点击上方的"AI创作"按钮，进入"AI创作"界面，在"AI生视频"选项区中点击"生成视频"按钮，进入"AI生视频"界面，在"创作类型"选项区点击"图生视频"按钮，如图16-32所示，以图片的方式创作视频效果。

步骤 02 在"上传图片"选项区中点击加号按钮⊞，上传一张古风人像照片，点击"生成视频"按钮，如图16-33所示，即可生成一段古风人像视频。

图 16-32　点击"图生视频"按钮　　　　　图 16-33　点击"生成视频"按钮

16.3.4　制作美食纪录片视频

扫码看教学视频

　　美食纪录片通过展现不同地域、不同民族、不同国家的美食特色，将丰富的美食文化传递给观众，这种传播有助于增进人们对世界各地饮食文化的了解，促进文化交流与融

合。很多美食纪录片聚焦于某一地区或民族的传统美食，通过深入挖掘其历史背景、制作工艺、食材来源等，展现地方特色，提升地域文化的知名度和认同感，效果如图16-34所示。

　　下面介绍使用快影App中的可灵AI工具制作美食纪录片视频的操作方法。

图 16-34　效果欣赏

　　步骤01 打开快影App主界面，点击上方的"AI创作"按钮，进入"AI创作"界面，在"AI生视频"选项区中点击"生成视频"按钮，进入"AI生视频"界面，在"文字描述"文本框中输入相应的提示词，用于指导AI生成特定的视频，如图16-35所示。

　　步骤02 在下方的"视频比例"选项区中，选择16：9选项，让AI生成横幅视频，如图16-36所示，点击"生成视频"按钮，即可生成一段美食纪录片视频。

图 16-35　输入相应的提示词

图 16-36　选择 16：9 选项

好书推荐

剪映AI视频剪辑：AI脚本+AI绘画+
图文生成+数字人制作

ISBN 9787122451088

Sora掘金一本通：AI短视频原理、提
示词到商业盈利

ISBN 9787122453402

AI智能办公：ChatGPT+Office+WPS
应用从入门到精通

ISBN 9787122450258

**ChatGPT+ Dall·E 3：AI提示文案
与绘画技巧大全**

ISBN 9787122454225

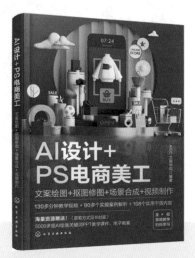

**AI设计+PS电商美工：文案绘图+
抠图修图+场景合成+视频制作**

ISBN 9787122445339

**Stable Diffusion AI绘画教程：文生图+
图生图+提示词+模型训练+插件应用**

ISBN 9787122443366